もくじと学習の記録

本書に関する最新情報は，当社ホームページにある**本書の「サポート情報」**をご覧ください。（開設していない場合もございます。）

答え▶別さつ1ページ

1 大きい数のしくみ

標準クラス

1 次の数を漢字で書きなさい。

(1) 307450002008　（　　　　　　）

(2) 900304000507　（　　　　　　）

2 次の数を数字で書きなさい。

(1) 二兆(ちょう)四千五百億(おく)八百万　（　　　　　　）

(2) 五億九千万七百六十　（　　　　　　）

3 次の数を求(もと)めなさい。

(1) 999999999 より 1 大きい数　（　　　　　　）

(2) 2 兆より 5000 億小さい数　（　　　　　　）

(3) 千億を 47 こ集めた数　（　　　　　　）

(4) 350 億より 75 億大きい数　（　　　　　　）

(5) 100 億を 1000 倍した数　（　　　　　　）

4 次の数の大小を，□に不等号(ふとうごう)を入れて表しなさい。

(1) 47986000 □ 4798600

(2) 562700000 □ 561700000

5 次のア～ウの数を，小さい順(じゅん)に記号でならべなさい。

ア 792400000　　イ 79380000　　ウ 790400000

（　　→　　→　　）

6 下の数直線の㋐，㋑，㋒，㋓の目もりが表す数を書きなさい。

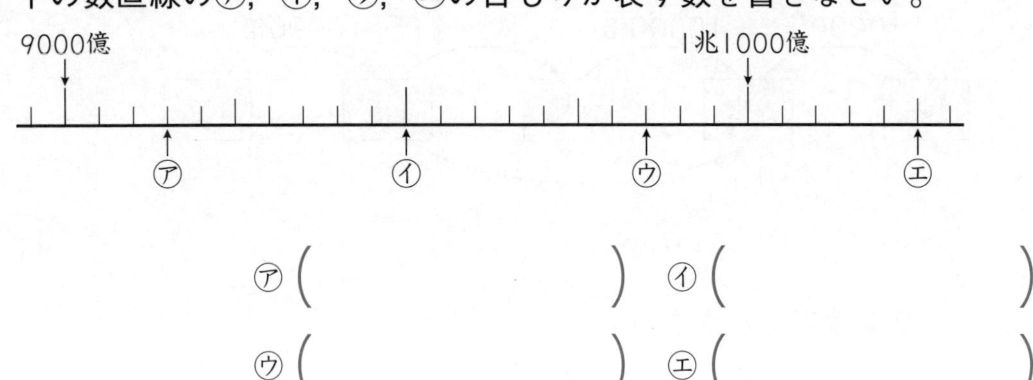

㋐（　　　　）　㋑（　　　　）

㋒（　　　　）　㋓（　　　　）

7 下のような数直線があります。1目もりの大きさを求めなさい。

(1) 6億　7億　8億　（　　　　）

(2) 1000億　2000億　3000億　（　　　　）

8 次の計算をしなさい。

(1) 7600 億+340 億

(2) 2 兆 8000 億+1 兆 5000 億

(3) 3 兆 4000 億−6000 億

(4) 21 億 3000 万−9000 万

(5) 25 億×100

(6) 8 億÷10

答え▶別さつ1ページ

時 間	25分	とく点
合かく	80点	点

1 大きい数のしくみ

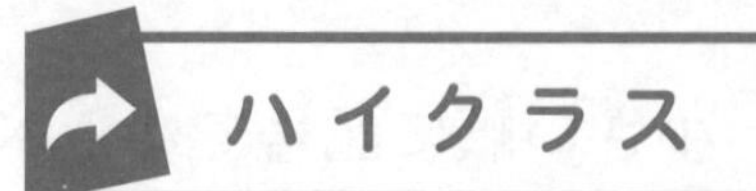

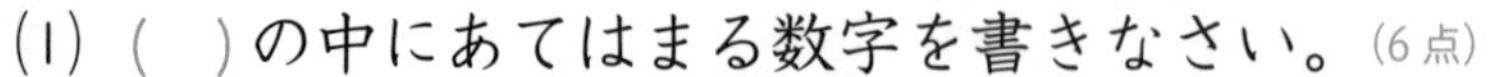

1 千兆より大きな位に「京」や「垓」があります。

(1) (　)の中にあてはまる数字を書きなさい。(6点)

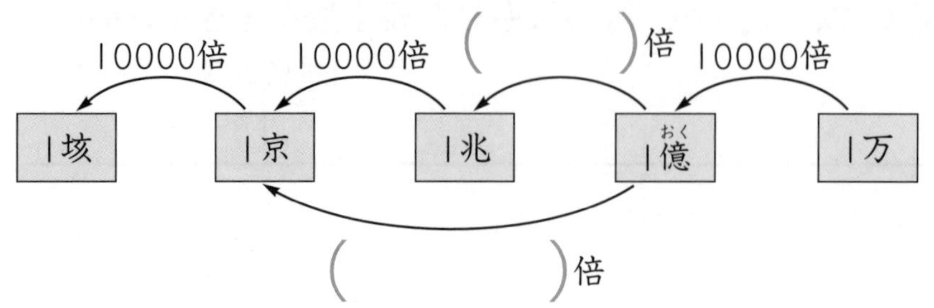

(2) 10京を数字で書きなさい。(6点)

(　　　　)

(3) 9999999999999999より1大きい数を数字で書きなさい。(6点)

(　　　　)

(4) 次の□にあてはまる数字を書きなさい。(12点/1つ4点)

① 1京は，1000兆の□倍です。

② 100兆の□倍は1京です。

③ 1垓は，□京の100倍です。

2 下の数直線の㋐にあたる数はいくつですか。(6点)　〔金城学院中ー改〕

9900億　㋐　1兆

(　　　　)

3 次の数を求めなさい。(18点/1つ6点)

(1) 1億より2000小さい数 (　　　　)

(2) 1億より200小さい数 (　　　　)

(3) 1億より20小さい数 (　　　　)

4 0から9までの10この数字のうち，9この数字を使って，9けたの数をつくります。(6点/1つ3点)

(1) いちばん大きい数は何ですか。

(　　　　)

(2) いちばん小さい数は何ですか。

(　　　　)

5 次の計算をしなさい。(40点/1つ5点)

(1) 5000万+5000万

(2) 674兆+326兆

(3) 2540億−1860億

(4) 135兆−46兆

(5) 5億×10000

(6) 3億2000万×10

(7) 6兆200億÷10

(8) 30億÷100

答え▶別さつ2ページ

2 計算の順じょ

標準クラス

1 次の計算をしなさい。

(1) 45−(90−50)

(2) 60+6−2−8+4

(3) 21−32÷8

(4) 8×4+118

(5) 125+30×4

(6) (152−78)×15

(7) 25×4−(147−98)

(8) 12−2×4+24÷8

(9) 65−4×14+49÷7

(10) 36÷9+7−2×5−1

2 次のことを１つの式で表して，答えを求めなさい。

(1) 13と7の差を2でわる。

(式)

答え（　　　　　　　）

(2) 200から15と6の積をひく。

(式)

答え（　　　　　　　）

(3) 640と290の差に326をたす。

(式)

答え（　　　　　　　）

(4) 315と329の和に18をかける。

(式)

答え（　　　　　　　）

3 答えを求める式を１つの式で表し，答えも求めなさい。

(1) 体育館に，いすをならべていきます。たてに15列，横に18列ならべました。いすを全部で326きゃくならべるには，あと何きゃくならべればよいですか。

(式)

答え（　　　　　　　）

(2) シールを，お姉さんは64まい，妹は24まい持っています。2人の持っているシールを合わせて，8まいずつふくろに入れると，ふくろの数は何まいになりますか。

(式)

答え（　　　　　　　）

2 計算の順(じゅん)じょ

答え▶別さつ2ページ

時 間 25分	とく点
合かく 80点	点

1 次の計算をしなさい。(54点/1つ6点)

(1) $48-18\div3\times6$ 〔帝塚山学院中〕

(2) $5+28\div(10-3\times2)$ 〔愛知教育大附属名古屋中〕

(3) $195-(12+45\div9)\times5$ 〔金光学園中〕

(4) $4+6\div2+36-12\div3\times2$ 〔愛知淑徳中〕

(5) $35-3\times(21-20\div5\times4)$ 〔青山学院中〕

(6) $\{98-(65-39)+19\}-26$

(7) $\{(61-36)\times2\div5-5\}\times24$

(8) $60\div\{(24-6\times3)\div3+4\times2\}$ 〔太成学院大中〕

(9) $14\times2-\{(3+12\div4\times3)\div(2+4\div2)\}$ 〔甲南女子中〕

2 答えを求める式を１つの式で表し，答えも求めなさい。

(1) たけしさんは，220 円持っています。120 円のノートを１さつ買って，残りのお金全部で 10 円の画用紙を買おうと思います。画用紙を何まい買うことができますか。(8点)

(式)

答え（　　　　　　）

(2) 145 円のあめを３ふくろと，350 円のチョコレートを３箱買いました。全部で何円ですか。(8点)

(式)

答え（　　　　　　）

(3) 友だちと６人で遊園地へ行きました。わたしは 2000 円持っていきました。みんなで 5700 円使い，６人で同じように分けて出しました。わたしのお金は何円残りますか。(10点)

(式)

答え（　　　　　　）

(4) 1000 円持って文具店へ行き，120 円のノートを５さつと 150 円ののりを１こ買うと，おつりは何円ですか。(10点)

(式)

答え（　　　　　　）

(5) 公園の入園料は大人 250 円，子ども 100 円です。大人１人と子ども１人で合わせてチケットを買うと，50 円安くなります。この買い方で 250 組が入園しました。全部で入園料は何円ですか。(10点)

(式)

答え（　　　　　　）

答え▶別さつ3ページ

3 計算のきまり

標準クラス

1 次の□にあてはまる数を書きなさい。

(1) 3789×458=□×3789

(2) 13×67×178=13×□×67

(3) (949+145)×63=□×63+145×□

(4) (369−288)×12=369×□−□×12

(5) (71−□)×12=71×12−15×12

2 次の□にあてはまる数を書きなさい。

(1) 25×152×4=□×152=□

(2) 135+52+65+248=135+65+□+248

=200+□=□

(3) 13×64+13×36=13×□=□

(4) 99×42=(□−1)×42=□−42=□

3 ある数を□として式を書き，ある数を求(もと)めなさい。

(1) ある数を4倍して，その積(せき)に23をたすと，55になります。

(式)

答え（　　　　　　）

(2) ある数を6でわって，その商に10をたすと，16になります。

(式)

答え（　　　　　　）

(3) ある数に3をたして，2倍すると，26になります。

(式)

答え（　　　　　　）

4 下の図のようにならんだ☆の数え方を考えます。

(1) たけしさんは，2×3+4×12+2×5 の式で考えました。どのように区切って考えたのか線をかきなさい。

☆☆☆　　　　☆☆☆☆☆
☆☆☆　　　　☆☆☆☆☆
☆☆☆☆☆☆☆☆☆☆☆☆
☆☆☆☆☆☆☆☆☆☆☆☆
☆☆☆☆☆☆☆☆☆☆☆☆
☆☆☆☆☆☆☆☆☆☆☆☆

(2) ひろみさんは，6×3+4×4+6×5 の式で考えました。どのように区切って考えたのか線をかきなさい。

☆☆☆　　　　☆☆☆☆☆
☆☆☆　　　　☆☆☆☆☆
☆☆☆☆☆☆☆☆☆☆☆☆
☆☆☆☆☆☆☆☆☆☆☆☆
☆☆☆☆☆☆☆☆☆☆☆☆
☆☆☆☆☆☆☆☆☆☆☆☆

答え▶別さつ3ページ

3 計算のきまり

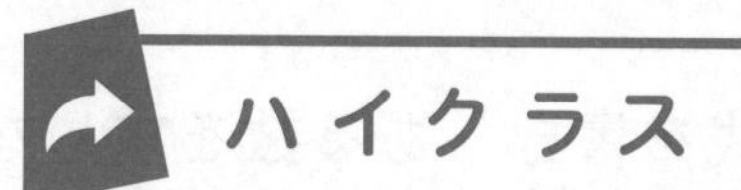

時間 25分	とく点
合かく 80点	点

1 次の計算をくふうしてしなさい。(25点/1つ5点)

(1) $12+19+28+47+41+59+53+72+81+88$

(2) $23\times24+135\times24+24\times224$

(3) $5\times7\times99-2\times17\times99$ 〔近畿大附中〕

(4) $1019\times17-56\times28-19\times17-28\times44$ 〔南山中男子部〕

(5) $299\times29+301\times30+299\times31+301\times29+299\times30+301\times31$ 〔高槻中〕

2 次の□にあてはまる数を求(もと)めなさい。(30点/1つ5点)

(1) $\square\div8\div4=2$

(2) $(3\times\square)\times4\times2=48$

(3) $(27-\square)\times6+46=100$

(4) $777-\square\div8\div4=771$

(5) $40+\square\div(8-3\times2)=65$ 〔西南学院中〕

(6) $75+30\div\square-4\times9=45$ 〔智辯学園中〕

3 例(れい)にならって，式を書き，答えを求めなさい。(12点/1つ4点)

(例) $24\times5=(20+4)\times5$
$=20\times5+4\times5$
$=100+20$
$=120$

(1) 79×9

(2) $96\div3$

(3) $707\div7$

4 次の□に+，−，×，÷を入れて，式を完成(かんせい)させなさい。(12点/1つ4点)

(1) $2378+358+899=899$ □ 2378 □ 358

(2) $(86+24)\times5=86$ □ 5 □ 24 □ 5

(3) $9\times4\div(6\div2)=9$ □ $4\div6$ □ 2

5 $A*B=7\times A-5\times B$ と約束(やくそく)します。この約束にしたがって次の計算をしなさい。(14点/1つ7点)

(1) $5*2$

(2) $6*(3*4)$

6 $A☆B=(A+B)\times A+B$ とするとき，$2☆3$ の表す数は何ですか。(7点)

〔大谷中(大阪)〕

(　　　　　)

答え▶別さつ4ページ

4 がい数と見積もり

1 次の数を四捨五入して，右のようながい数にしました。それぞれどの位を四捨五入しましたか。

(1) 764825 ⟶ 765000 (　　　　)

(2) 450926 ⟶ 450000 (　　　　)

(3) 275830 ⟶ 276000 (　　　　)

(4) 986075 ⟶ 986000 (　　　　)

2 次の数を四捨五入して，上から2けたのがい数にしなさい。また，千の位までのがい数にしなさい。

	68439	184965	548623
上から2けた			
千の位まで			

3 ある整数の一の位を四捨五入すると，450になりました。一の位を四捨五入して，450になる数を全部書きなさい。

(　　　　　　　　　　)

4 2800 は，四捨五入して百の位までのがい数にした数です。もとの整数のはん囲(い)を，以上(いじょう)，以下(いか)を使って表しなさい。

2700　2800　2900

(　　　　以上　　　　以下)

5 四捨五入して，(　)の中の位までのがい数にして，答えを見積(みつ)もりなさい。

(1) 4521+6078　(百の位)　(　　　)

(2) 62932+66039　(一万の位)　(　　　)

(3) 4974−2854　(百の位)　(　　　)

(4) 928274−482132　(一万の位)　(　　　)

6 四捨五入して，上から1けたのがい数にして，答えを見積もりなさい。

(1) 323×73　(　　　)

(2) 85×239　(　　　)

(3) 5982×703　(　　　)

(4) 870÷29　(　　　)

(5) 4879÷51　(　　　)

(6) 21309÷41　(　　　)

答え▶別さつ5ページ

4 がい数と見積もり

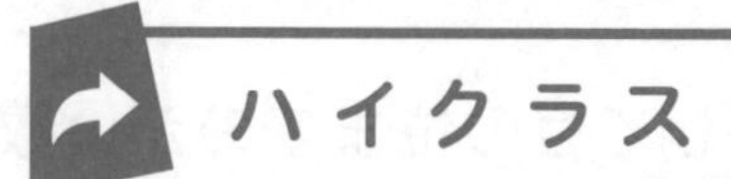

時間 25分　合かく 80点　とく点　点

1 下の数直線のア～キで，千の位を四捨五入すると 80000 になる数を，記号ですべて書きなさい。(5点)

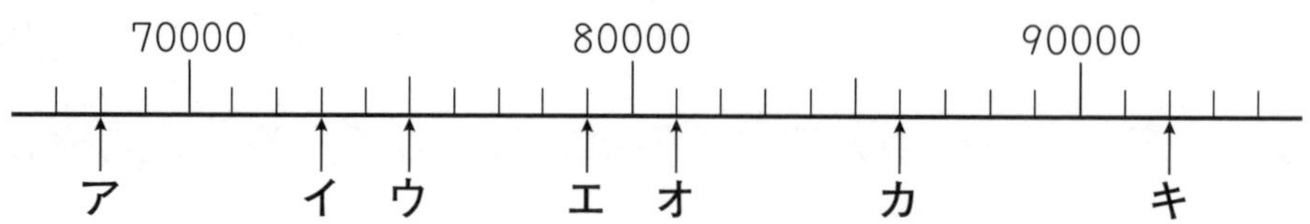

(　　　　)

2 ある日の遊園地の入園者数を，四捨五入で上から１けたのがい数で表すと 5000 人でした。実さいの入園者数のはん囲を，次の２とおりの方法で表しました。□にあてはまる数を書きなさい。(10点)

㋐ □人 以上 □人 以下

㋑ □人 以上 □人 未満

3 次の□にあてはまる数を書きなさい。(20点/1つ10点)

(1) 一の位を四捨五入すると 40 になる整数の中で，４でわり切れる数は□こあります。

(2) 四捨五入で百の位までのがい数で表したとき，7500 になる整数のはん囲は□以上□以下です。〔柳学園中〕

4 まなさんは買い物に行き，430円のふくろと750円の絵の具と250円のノートを買います。およそ何円持っていれば全部買えますか。それぞれのねだんを百の位までのがい数にして計算し，記号で答えなさい。(15点)

ア 2000円　　イ 1600円　　ウ 1200円

(　　　　)

5 次の計算で，積が 1000 より小さくなるのはどれですか。記号で答えなさい。(15 点)　〔金城学院中〕

ア 20×53　　イ 20×48　　ウ 25×41

(　　　　　)

6 クリップを 100 こずつ箱に入れます。クリップが 1827 こあるとき，何箱必要ですか。(10 点)

(　　　　　)

7 四捨五入して，(　)の中の位までのがい数にして，答えを見積もりなさい。(25 点/1 つ 5 点)

(1) 58724−14853−29021　(千の位)

(　　　　　)

(2) 452196+278312−369050　(一万の位)

(　　　　　)

(3) 12.4+7.6　(一の位)

(　　　　　)

(4) 1.73+2.78　$\left(\frac{1}{10}\right.$ の位$\left.\right)$

(　　　　　)

(5) 8.72−4.38　$\left(\frac{1}{10}\right.$ の位$\left.\right)$

(　　　　　)

答え▶別さつ5ページ

5 わり算の筆算 ①

標準クラス

1 次のわり算をしなさい。わり切れないものは，あまりも書きなさい。

(1) $3\overline{)48}$

(2) $4\overline{)86}$

(3) $6\overline{)62}$

(4) $5\overline{)74}$

(5) $3\overline{)852}$

(6) $9\overline{)490}$

(7) $7\overline{)336}$

(8) $7\overline{)721}$

(9) $6\overline{)614}$

2 次のわり算はわり切れます。□にあてはまる数を求(もと)めなさい。

(1) 商 13　$4\overline{)5\square}$

(2) 商 21　$6\overline{)12\square}$

(3) 商 102　$7\overline{)71\square}$

3 次の式は，わり算の式と答えのたしかめの式です。□にあてはまる数を書きなさい。

（わり算の式）　322÷3=107 あまり 1

（たしかめの式）　□×107+□=□

書いてまとめる

4 右の筆算はまちがっています。まちがいを説明(せつめい)して，正しく計算しましょう。

```
    58
8 )474
   40
   ──
    74
    64
   ──
    10
```

（　　　　　　　　）

5 134 このボールを，9 こずつ箱につめていきました。しかし，最後(さいご)の箱には，ボールを 9 こつめることができませんでした。最後の箱にはボールは何こありますか。

（　　　　　　）

6 1 年は 365 日です。何週間と何日ありますか。

（　　　　　　）

答え▶別さつ6ページ

5 わり算の筆算 ①

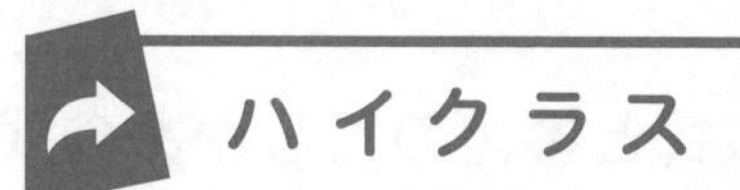

時 間 25分	とく点
合かく 80点	点

1 次の計算をしなさい。(18点/1つ6点)

(1) $72 \div 6 + 36 - 24 \div 2 \times 3$

(2) $111 - (105 \div 7 + 17 - 7 \times 3)$ 〔西南学院中〕

(3) $23 \times (20 + 79) \div 9 \times 4$ 〔大阪女学院中〕

2 次の□にあてはまる数を求(もと)めなさい。(24点/1つ6点)

(1) 114□÷9=127

(2) 848÷□=5 あまり 3

(3) 544÷□=8

(4) 4×□−163=789

3 右のわり算をすると，わり切れます。□にあてはまる数を求めなさい。(8点) 〔立教女学院中〕

```
    ●2▼
8 ) 3□24
```

(　　　　　　)

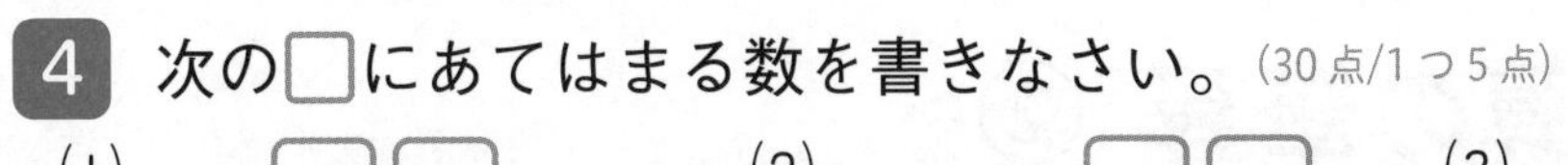

4 次の□にあてはまる数を書きなさい。（30点/1つ5点）

(1)

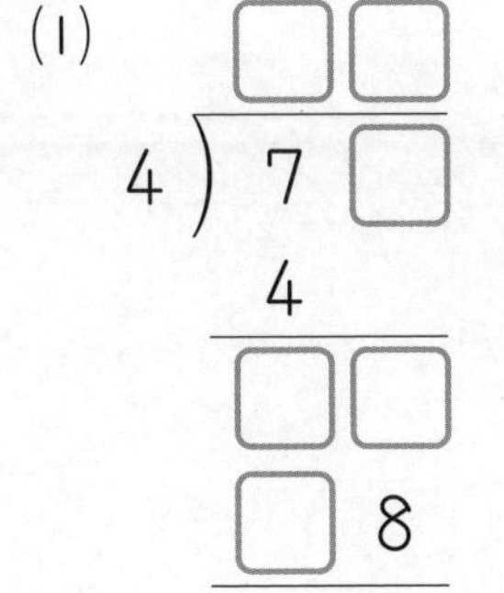

(2)

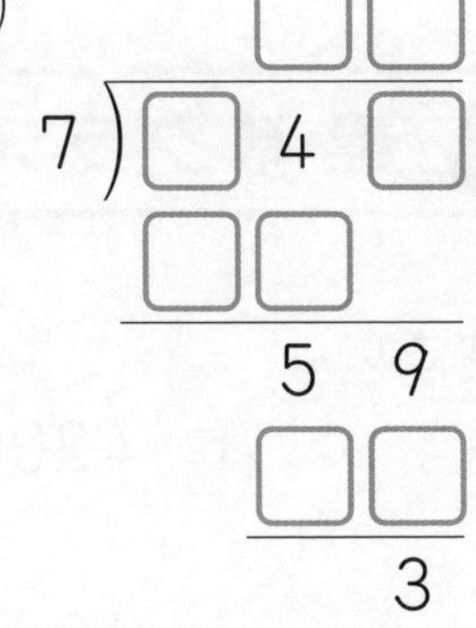

(3)

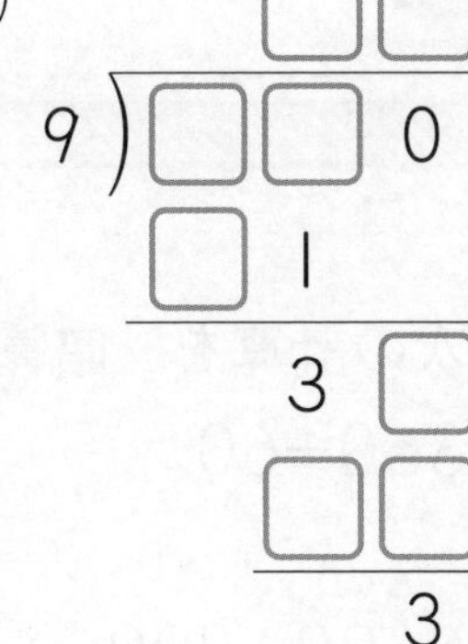

(4)

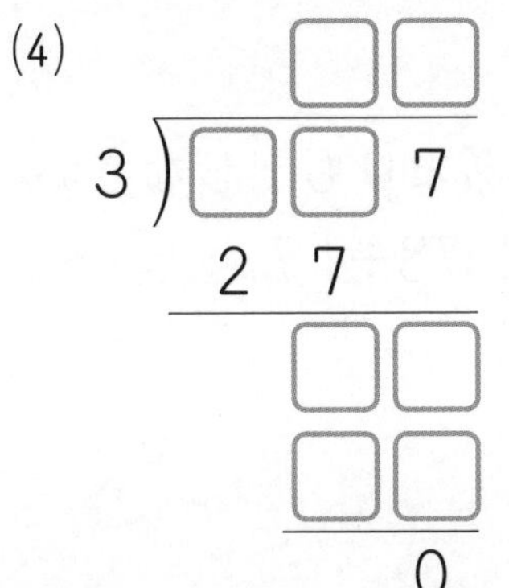

(5)

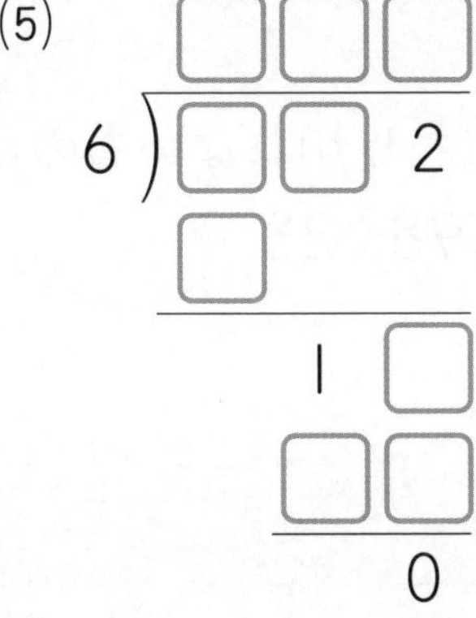

(6)

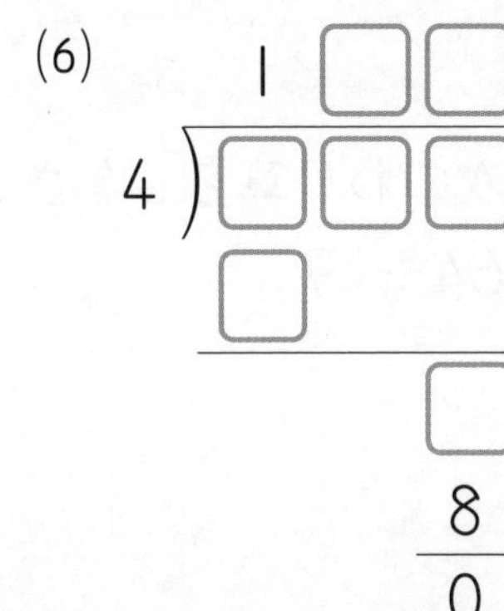

5 たて 45 m，横 25 m の長方形の形をした体育館があります。まわりに 5 m おきに旗（はた）を立てていきます。まわり全部に立てるには，何本の旗がいりますか。（10点）

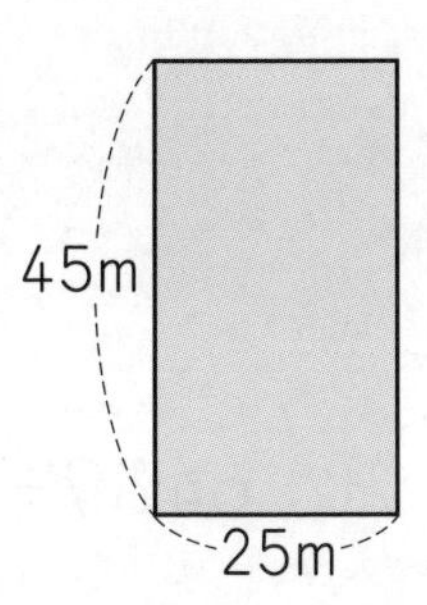

（　　　　　　）

6 カードをつくります。1 まいの画用紙から 8 まいのカードができます。72 まいの画用紙を 4 人で分けてつくると，1 人がそれぞれ何まいのカードをつくることになりますか。（10点）

（　　　　　　）

答え▶別さつ6ページ

6 わり算の筆算 ②

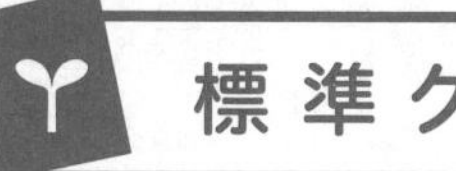

1 次の計算を，暗算でしなさい。

(1) 360÷60　　(2) 4200÷70

(3) 6600÷300　　(4) 100÷25

2 次のわり算をしなさい。わり切れないものは，あまりも出しなさい。

(1) 64÷19　　(2) 98÷28　　(3) 78÷17

(4) 720÷180　　(5) 165÷15　　(6) 972÷28

(7) 6489÷63　　(8) 1287÷13　　(9) 1890÷630

(10) (2800÷25)÷28　　(11) 968÷(96−8)

3 次の□にあてはまる数を書きなさい。

(1) □÷40＝64 あまり 29

(2) 18×27÷54＝(2×□)×(3×□)÷(6×□)

＝(2×3÷6)×□

＝□

4 ある工場では，1時間に 900 この部品をつくっています。

(1) 14400 この注文を受けました。何時間でつくることができますか。

(　　　　)

(2) 14400 この部品を 160 こずつ箱につめていきます。箱を何箱用意すればよいですか。

(　　　　)

5 1 km 50 m の道があります。道の最初(さいしょ)から最後(さいご)まで，150 m おきにさくらの木を 1 本ずつ植えていきます。さくらの木は何本必要(ひつよう)ですか。

(　　　　)

6 わり算の筆算 ②

答え▶別さつ7ページ

時 間	25分	とく点
合かく	80点	点

1 次の計算をしなさい。(50点/1つ10点)

(1) $581000 \div 700$ 〔西南女学院中〕

(2) $(10+38\times25)\div24-48\div16$ 〔広島大附属東雲中〕

(3) $377\div29\times6-27\times16\div24$ 〔大谷中(大阪)〕

(4) $(21\times22+23\times24)\div(13\times13)$ 〔関西学院中〕

(5) $(2003-993)\times1010\div2020-212$ 〔青山学院中〕

2 右のように，3けたの整数を29でわったら，9あまりました。ア，イにあてはまる数を求(もと)めなさい。

(10点)〔愛知教育大附属名古屋中〕

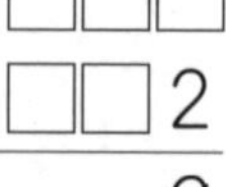

ア（　　　　）　イ（　　　　）

3 右の□にあてはまる数を書きなさい。(10点)　〔洛星中〕

```
          □□5
    ┌──────────
□□ ) □□□□□
     152
     ───
       □□□
       114
       ───
         □□
         □□
         ──
          0
```

4 185をある2けたの整数でわると，商が1けたの整数になって，10あまりました。どんな整数でわったのですか。すべて答えなさい。

(10点)

(　　　　　)

5 今日は土曜日です。1000日後は何曜日ですか。(10点)　〔賢明女子学院中〕

(　　　　　)

6 次の□にあてはまる数を書きなさい。(10点)　〔共立女子第二中〕

7777秒は，□時間□分□秒です。

チャレンジテスト①

答え▶別さつ7ページ

時間 25分	とく点
合かく 80点	点

1 7351を1億倍しました。3の数字は何の位ですか。(5点)

（　　　　　）

2 次の計算をしなさい。(10点/1つ5点)

(1) 2485÷497　　(2) 14310÷135

3 分配法則を使った式です。□にあてはまる数を書きなさい。(12点/1つ6点)

(1) (120+32)×5=□×5+32×□=□

(2) (81−63)÷9=□÷9−□÷9=□

4 次の計算をくふうしてしなさい。(24点/1つ6点)

(1) 99×34

(2) 102×78

(3) 25×3600

(4) 10000÷25÷4

5 次の□にあてはまる数を求めなさい。(24点/1つ6点)

(1) □×35+35×16=700

(2) 275×□+5=36855

(3) □÷24+256=274

(4) 6052÷□−5×6=4

6 次の□にあてはまる数を書きなさい。(16点/1つ8点)

(1) 54分39秒÷13=□分□秒 あまり □秒

(2) 8030÷103 の商を一の位で四捨五入すると，□になります。

7 1mが298円のリボンがあります。このリボンを18m買いたいと思います。6000円で買えるでしょうか。あなたが考えた見積もりのしかたを説明しなさい。(9点)

(　　　　　　　　　　　　　　　　　　　　)

答え▶別さつ8ページ

時間 25分	とく点
合かく 80点	点

1 次の□にあてはまる数を求(もと)めなさい。(49点/1つ7点)

(1) (□+8)÷5=10

(2) 10×(25+□)=700

(3) □+100−90+45=435

(4) 10+25×4−(□−5)=60

(5) 35÷(□+5)−12÷6÷2=4

(6) 1968÷□=13 あまり 5

(7) 2304÷(6×□)=96

2 次の□にあてはまる数を書きなさい。(32点/1つ8点)

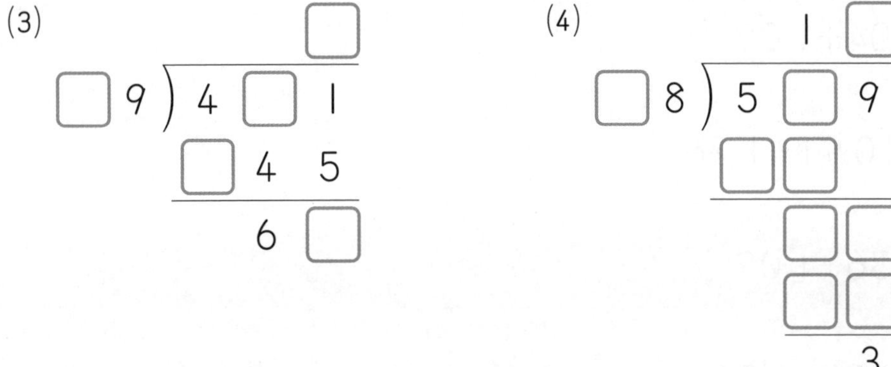

(1)
```
      □ 9
32)9 2 □
   6 4
  □□ 8
  □□□
      0
```

(2)
```
       □□
15)7 2 6
   □□
    1 2 6
   □□□
        6
```

(3)
```
          □
□9)4 □ 1
   □ 4 5
     6 □
```

(4)
```
        1 □
□8)5 □ 9
   □□
     □□
     □□
        3
```

3 ある数を18倍した数と，ある数を12倍した数の和を30でわると，128になりました。ある数を求めなさい。(9点)

(　　　　　)

4 ある数から45をひいて256でわると，商は7，あまりは8になりました。ある数を求めなさい。(10点)

(　　　　　)

答え▶別さつ8ページ

7 小数のたし算とひき算

標準クラス

1 次の筆算をしなさい。

(1)
```
  19.65
+  0.47
```

(2)
```
  5.14
-0.29
```

(3)
```
  20.07
-  0.08
```

2 次の計算をしなさい。

(1) 0.2+0.04+1.09

(2) 2.49+10.91+1.26

(3) 9.7−2.36−1.09

(4) 10.1−0.39−6.72

(5) 7.7−0.77+0.66

(6) 9.2+1.8−0.17

(7) 12.39+3.8−5.19

(8) 1.01+10.87−0.2

(9) 200−190.08−1.95

3 たてにたしても，横にたしても，ななめにたしても同じ数になるように，あいているところに数を入れなさい。

(1)

0.12	0.02	
	0.1	0.06
		0.08

(2)

	0.01	
	0.05	0.03
0.02	0.09	

4 右の図で，横の数どうしをたして，上の□に，その答えを書きなさい。

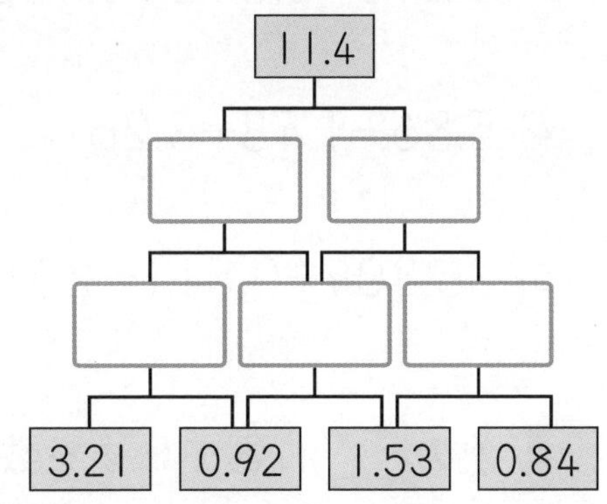

5 やかんに，お茶が 3.5 L はいっています。このお茶を，よしおさんの水とうに 0.65 L，まさるさんの水とうに 0.95 L 入れました。やかんには，お茶が何 L 残(のこ)っていますか。

(　　　　　　　)

6 あおいさんは，いつもみどりさんをさそって学校に行きます。今日は，みどりさんが休んだので，まっすぐ学校に行きました。いつもより何 km 近いですか。

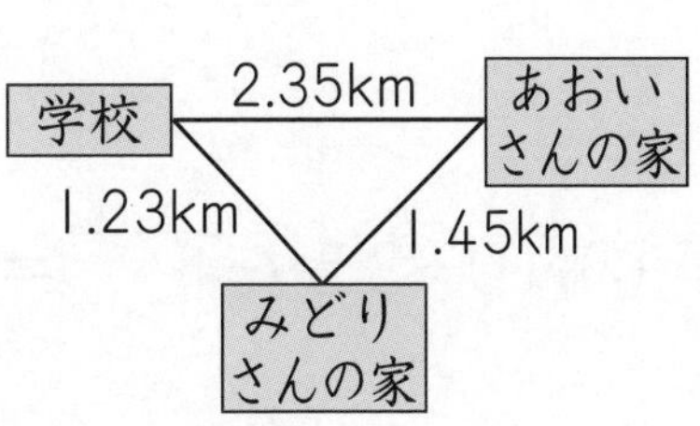

(　　　　　　　)

答え▶別さつ9ページ

7 小数のたし算とひき算

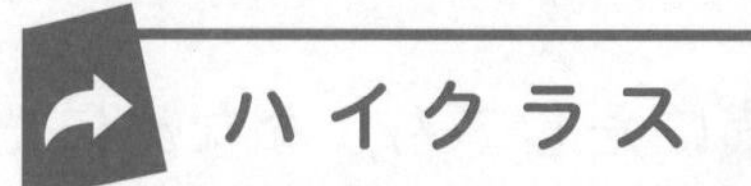

時間 25分	とく点
合かく 80点	点

1 次の計算をしなさい。(20点/1つ4点)

(1) 1.13+0.38

(2) 2.5−0.772

(3) 0.276+0.372−0.433

(4) 5.86−1.43−3.26

(5) 36.809+0.511−20.045

2 次の□にあてはまる数を書きなさい。(15点/1つ5点)

(1) 1 km+200 m+1 m=□km

(2) 5.4 t+375 kg=□t

(3) 3.78 L+252 mL=□L

3 次の□にあてはまる数を求(もと)めなさい。(15点/1つ5点)

(1) 2.407−□−0.76=1.054

(2) 10−3.59−□=4.403

(3) 2.01+□−0.077=18.667

4 たてにたしても，横にたしても，ななめにたしても同じ数になるように数を入れなさい。(20点/1つ10点)

(1)

0.002		0.014	0.007
0.013	0.008		0.012
		0.015	0.006
	0.005		0.009

(2)

0.02	0.3		0.16
	0.08		0.22
0.14	0.18		0.04
0.24			0.26

5 本箱の横はばは 86 cm あります。6.46 cm のはばの本を 10 さつ入れました。すき間は何 cm になりますか。(10点)

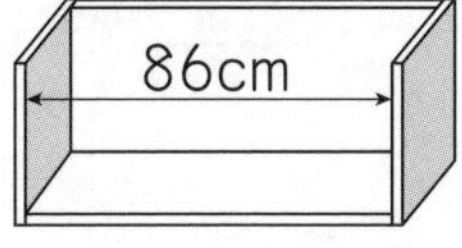

(　　　　　　)

6 ある数に 1.073 をたすのをまちがえて，1.730 をたしてしまったので，4 になりました。ある数と，正しい答えを求めなさい。(10点)

ある数 (　　　　　　)　正しい答え (　　　　　　)

7 今日は昨日(きのう)より，最低(さいてい)気温が 1.4 度高く，最高(さいこう)気温は 0.5 度高くなりました。昨日の最高気温と最低気温の差(さ)が 7.7 度のとき，今日の差は何度ですか。(10点)　〔愛光中〕

(　　　　　　)

答え▶別さつ9ページ

8 小数のかけ算

標準クラス

1 次の計算をしなさい。

(1) $\begin{array}{r} 1.2 \\ \times \quad 4 \\ \hline \end{array}$

(2) $\begin{array}{r} 3.4 \\ \times \quad 3 \\ \hline \end{array}$

(3) $\begin{array}{r} 4.6 \\ \times \quad 5 \\ \hline \end{array}$

(4) $\begin{array}{r} 5.7 \\ \times \quad 4 \\ \hline \end{array}$

(5) $\begin{array}{r} 8.5 \\ \times 17 \\ \hline \end{array}$

(6) $\begin{array}{r} 6.7 \\ \times 43 \\ \hline \end{array}$

(7) $\begin{array}{r} 4.2 \\ \times 53 \\ \hline \end{array}$

(8) $\begin{array}{r} 7.4 \\ \times 29 \\ \hline \end{array}$

(9) $\begin{array}{r} 0.8 \\ \times 15 \\ \hline \end{array}$

(10) $\begin{array}{r} 0.3 \\ \times 27 \\ \hline \end{array}$

(11) $\begin{array}{r} 0.6 \\ \times 55 \\ \hline \end{array}$

(12) $\begin{array}{r} 0.5 \\ \times 84 \\ \hline \end{array}$

2 1こで5.8 L 入るバケツがあります。

(1) 4こでは，水は全部で何 L 入りますか。

(　　　　　　)

(2) 15こでは，水は全部で何 L 入りますか。

(　　　　　　)

3 次の□にあてはまる数を書きなさい。

(1)

```
      6.□
   ×  3 7
   ──────
    4 3 4
  1 □ 6
  ───────
  □ 2 9. 4
```

(2)

```
      7. 5
   ×  4 □
   ──────
    6 □ 0
  □ 0 0
  ───────
  □ □ 0. 0
```

4 5.9 m のひもを 12 本切り取るには，何 m のひもが必要（ひつよう）ですか。

（　　　　　）

5 4 年 1 組の 35 人でリボンを分けます。1 人に 1.5 m ずつ分けると，0.8 m あまりました。はじめに，リボンは何 m ありましたか。

（　　　　　）

6 たけるさんの弟は赤ちゃんで，体重は 4.8 kg です。たけるさんの体重は弟の体重を 7 倍したものより 2 kg 軽いそうです。たけるさんの体重を求（もと）めなさい。

（　　　　　）

答え▶別さつ10ページ

8 小数のかけ算 ハイクラス

時間 25分 とく点
合かく 80点 点

1 次の計算をしなさい。(24点/1つ3点)

(1) $\begin{array}{r} 7.21 \\ \times \quad 3 \\ \hline \end{array}$
(2) $\begin{array}{r} 3.14 \\ \times \quad 6 \\ \hline \end{array}$
(3) $\begin{array}{r} 1.56 \\ \times \quad 8 \\ \hline \end{array}$
(4) $\begin{array}{r} 9.84 \\ \times \quad 7 \\ \hline \end{array}$

(5) $\begin{array}{r} 4.07 \\ \times \quad 28 \\ \hline \end{array}$
(6) $\begin{array}{r} 0.07 \\ \times \quad 39 \\ \hline \end{array}$
(7) $\begin{array}{r} 9.52 \\ \times \quad 45 \\ \hline \end{array}$
(8) $\begin{array}{r} 6.75 \\ \times \quad 66 \\ \hline \end{array}$

2 次の計算をくふうしてしなさい。(10点/1つ5点)

(1) $6.8\times16-6.8\times11$
(2) $8.45\times28+72\times8.45$

3 次の計算をしなさい。(16点/1つ4点)

(1) $6.2\times8\times3$
(2) $6.74\times11\times7$
(3) $4.8\times24+16.7$
(4) $12.32+4.53\times8$

4 右の□にあてはまる数を書きなさい。(12点)

```
    □. 8 2
  ×    5 □
  ---------
    4 7 7 4
  3 □ 1 0
  ---------
  3 □ 8.7 4
```

5 1mの重さが5.4kgの鉄のぼう7m分と14m分を合わせた重さは何kgですか。(9点)

(　　　　　　)

6 たくやさんの歩はばは58cmです。運動場のトラック1周(しゅう)を何歩で歩くかを調べたら250歩でした。トラック1周は何mですか。(9点)

(　　　　　　)

7 右の□に，1，2，3，4，5の数を1つずつ入れて，小数のかけ算の式をつくります。(20点/1つ10点)

□.□□×□□

(1) 積(せき)がもっとも小さくなるときの式と積を求(もと)めなさい。

(式)

答え(　　　　　　)

(2) 積がもっとも大きくなるときの式と積を求めなさい。

(式)

答え(　　　　　　)

答え▶別さつ11ページ

9 小数のわり算

標準クラス

1 次の□にあてはまる数を書きなさい。

(1) 1.8÷3=18÷3÷□=□

(2) 8.4÷4=□÷4÷10=□

2 次のわり算を，わり切れるまでしなさい。

(1) 8.5÷5　(2) 9.6÷4　(3) 8.4÷3

(4) 33.3÷9　(5) 62.4÷8　(6) 52.5÷7

(7) 7÷35　(8) 4÷16　(9) 66÷24

(10) 0.9÷6　(11) 4.2÷35　(12) 9.1÷26

3 次のわり算を，商は小数第一位まで求め，あまりも出しなさい。

(1) $43\overline{)72}$

(2) $21\overline{)64.1}$

(3) $34\overline{)38.7}$

4 次のわり算を，商は小数第二位を四捨五入して，小数第一位までのがい数で求めなさい。

(1) $27\overline{)68}$

(2) $37\overline{)76.9}$

(3) $73\overline{)507.4}$

5 まわりの長さが 21.6 cm の正方形があります。1 辺の長さは何 cm ですか。

(　　　　　　)

6 7.2 kg のさとうがあります。これをどれも同じ重さになるように 18 この入れ物に分けます。1 こ分の入れ物にはいるさとうは何 kg ですか。

(　　　　　　)

答え▶別さつ11ページ

9 小数のわり算 ハイクラス

時間 25分 合かく 80点 とく点 点

1 次のわり算を，わり切れるまでしなさい。(18点/1つ3点)

(1) 1.23÷5 (2) 118.98÷25 (3) 62.72÷64

(4) 59.52÷48 (5) 0.24÷96 (6) 26.88÷56

2 次のわり算を，商は小数第二位まで求め，あまりも出しなさい。(18点/1つ3点)

(1) 0.45÷7 (2) 1.28÷9 (3) 3.84÷27

(4) 11.25÷36 (5) 53.74÷93 (6) 54.12÷17

3 次のわり算を，商は小数第三位を四捨五入して，小数第二位までのがい数で求めなさい。(18点/1つ3点)

(1) 3.52÷7 (2) 26.27÷33 (3) 8.29÷18

(4) 15.41÷46 (5) 60.27÷47 (6) 20.04÷13

4 24.12÷55=0.4385454… です。このわり算の商をもとに，次の問いに答えなさい。(24点/1つ8点)

(1) わられる数が10倍になると，商は何倍になりますか。

( )

(2) わられる数が10倍になったとき，商を小数第一位まで求め，あまりも出しなさい。

( )

(3) わられる数が10倍になったとき，商を小数第二位まで求め，四捨五入して小数第一位までのがい数で求めなさい。

( )

5 家から公園までの道のり2.24 kmを16分で歩きました。(12点/1つ6点)

(1) 1分間に何km歩きましたか。

( )

(2) この速さで歩くと，45分で何km進みますか。

( )

6 ある数を17でわるところを，まちがえて17をかけてしまったので，答えが140.42になりました。正しい答えの求め方を，ことばや式を使って説明(せつめい)しなさい。ただし，正しい答えは四捨五入して小数第二位まで求めなさい。(10点)

( )

答え▶別さつ12ページ

10 分数の種類

標準クラス

1 次の分数について，仮分数は整数か帯分数に，帯分数は仮分数になおしなさい。

(1) $\frac{13}{6}$　(2) $\frac{11}{3}$　(3) $\frac{24}{8}$

(4) $1\frac{9}{10}$　(5) $\frac{45}{9}$　(6) $3\frac{5}{7}$

(7) $\frac{53}{12}$　(8) $6\frac{1}{15}$　(9) $\frac{96}{16}$

2 次の□にあてはまる数を書きなさい。

(1) $5=\frac{\square}{2}=\frac{\square}{3}=\frac{\square}{4}=\frac{\square}{5}=\frac{30}{\square}$

(2) $6=\frac{\square}{3}=\frac{30}{\square}=\frac{42}{\square}=\frac{\square}{8}=\frac{60}{\square}$

(3) $\frac{1}{3}=\frac{\square}{6}=\frac{3}{\square}=\frac{\square}{12}=\frac{\square}{15}=\frac{6}{\square}$

(4) $\frac{1}{7}=\frac{2}{\square}=\frac{3}{\square}=\frac{\square}{28}=\frac{\square}{35}=\frac{6}{\square}$

3 次の数で，大きいほうに○をつけなさい。

(1) $\left(\frac{7}{10}\quad 0.6\right)$　(2) $\left(1\frac{3}{10}\quad 1.4\right)$

(3) $\left(\frac{12}{3}\quad 4\frac{1}{4}\right)$　(4) $\left(\frac{16}{6}\quad 2\frac{5}{6}\right)$

(5) $\left(\frac{17}{10}\quad 0.17\right)$　(6) $\left(6\frac{8}{15}\quad \frac{97}{15}\right)$

4 次の数を大きい順(じゅん)にならべなさい。

(1) $1\frac{5}{9}$，$\frac{11}{9}$，0.9，1

(　　→　　→　　→　　)

(2) $\frac{14}{10}$，1，$\frac{9}{10}$，1.5，$\frac{2}{10}$

(　　→　　→　　→　　→　　)

5 分数は小数に，小数は分数になおしなさい。

(1) $1.6=\frac{\square}{10}$　(2) $0.23=\frac{\square}{100}$

(3) $\frac{47}{100}=\square$　(4) $\frac{134}{10}=\square$

6 下の数直線の㋐～㋒の数を，分数と小数で表しなさい。

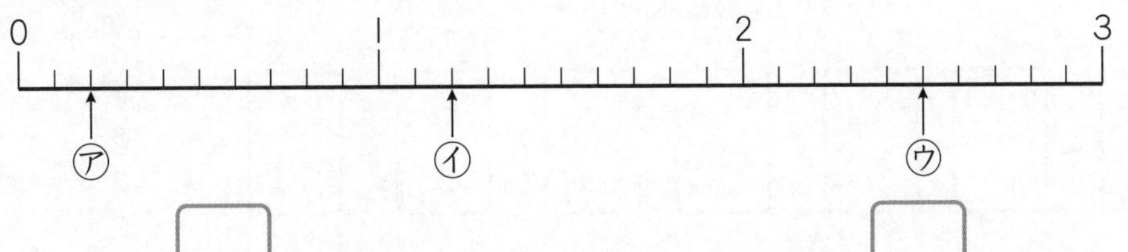

㋐ 分数 $\frac{\square}{10}$，小数(　　)　㋑ 分数 $\frac{\square}{5}$，小数(　　)

㋒ 分数 $\frac{\square}{2}$，小数(　　)

答え▶別さつ12ページ

10 分数の種類(しゅるい)　ハイクラス

時間 25分　合かく 80点　とく点　点

1 次の商を分数で表しなさい。（18点/1つ3点）

(1) 1÷6　(2) 2÷5　(3) 8÷7

(4) 4÷9　(5) 13÷5　(6) 3÷17

2 小数は分数で表し，分数は小数で表しなさい。（18点/1つ3点）

(1) 1.9　(2) 1.47　(3) 0.769

(4) $\frac{3}{5}$　(5) $\frac{3}{4}$　(6) $\frac{3}{8}$

3 次の□にあてはまる数を書きなさい。（5点）〔京都教育大附属桃山中〕

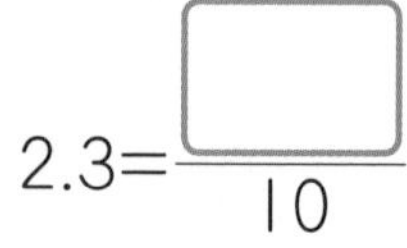

$2.3=\frac{\square}{10}$

4 さいころを2こふって，出た目の大きいほうを分母，小さいほうを分子とする分数をつくります。同じ目が出たらやりなおします。このときできる分数の中で，同じ大きさになるものをすべて答えなさい。

（8点）〔柳学園中〕

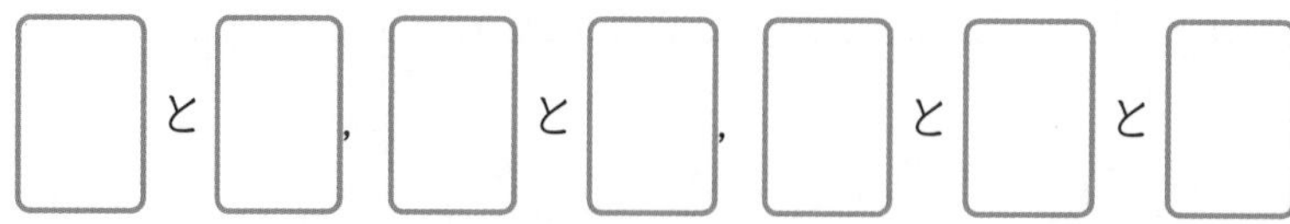

□と□，□と□，□と□と□

5 $\frac{1}{10}$，0.2，$\frac{2}{5}$ の3つの数を，大きい順(じゅん)にならべなさい。（5点）

（　→　→　）

6 次の□にあてはまる分数を書きなさい。(18点/1つ3点)

(1) 30分=□時間　　(2) 1 dL=□L

(3) 300 m=□km　　(4) 1 km 700 m=□km

(5) 10 g=□kg　　(6) 5時間=□日

7 分母が4の分数があります。この分数を4つ合わせると3になります。この数はどんな分数ですか。(8点)

(　　　　)

8 さきさんの家から図書館までは，1.5 km あります。(10点/1つ5点)

家　本屋　学校　図書館

1.5km

(1) 家から本屋までは，家から図書館までの $\frac{2}{5}$ よりも 70 m 近いです。家から本屋までは何 m ですか。

(　　　　)

(2) 家から図書館までの $\frac{4}{5}$ のところに学校があります。家から学校までは何 m ですか。

(　　　　)

9 アが2のとき，↓はどんな分数になりますか。(10点)

ア　3　↓

(　　　　)

答え▶別さつ13ページ

11 分数のたし算とひき算

標準クラス

1 次の計算をしなさい。

(1) $\frac{3}{5}+\frac{4}{5}$

(2) $\frac{3}{7}+\frac{5}{7}$

(3) $\frac{5}{8}+\frac{6}{8}$

(4) $1\frac{4}{5}+\frac{3}{5}$

(5) $2\frac{6}{7}+\frac{3}{7}$

(6) $\frac{2}{3}+3\frac{2}{3}$

2 次の計算をしなさい。

(1) $1-\frac{3}{5}$

(2) $3-\frac{2}{3}$

(3) $4-\frac{7}{6}$

(4) $3\frac{1}{4}-\frac{3}{4}$

(5) $2\frac{3}{8}-\frac{7}{8}$

(6) $5\frac{2}{9}-\frac{7}{9}$

3 次の計算をしなさい。

(1) $\frac{4}{8}+\frac{5}{8}-\frac{6}{8}$

(2) $\frac{9}{7}-\frac{5}{7}+\frac{3}{7}$

(3) $2-\frac{3}{5}+\frac{2}{5}$

(4) $\frac{2}{6}+\frac{8}{6}-\frac{9}{6}$

4 ある分数から $\frac{4}{9}$ をひくところを，まちがえて $\frac{4}{9}$ をたしてしまったので，答えが3になりました。

(1) ある分数はいくつですか。

(　　　　　　)

(2) 正しく計算したときの答えを求(もと)めなさい。

(　　　　　　)

5 4 m のテープから，まず $\frac{8}{5}$ m のテープを 1 本切り取りました。次に $\frac{3}{5}$ m のテープを 2 本切り取りました。残(のこ)りのテープは何 m ですか。

(　　　　　　)

6 たかしさんとゆう子さんが，3 km はなれたところから，おたがいに近づくように同時に歩き始めました。10 分後，たかしさんは $\frac{9}{13}$ km，ゆう子さんは $\frac{7}{13}$ km 歩きました。2 人の間のきょりは何 km ですか。

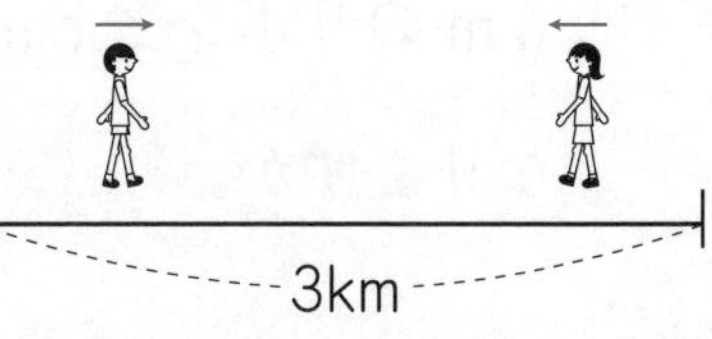

(　　　　　　)

11 分数のたし算とひき算 ハイクラス

答え▶別さつ14ページ

時間 25分	とく点
合かく 80点	点

1 次の計算をしなさい。(16点/1つ4点)

(1) $5\frac{1}{4}+\frac{10}{4}$　　(2) $\frac{13}{5}+1\frac{4}{5}$

(3) $3\frac{4}{5}-\frac{8}{5}$　　(4) $6\frac{3}{7}-\frac{20}{7}$

2 ひろしさんは，毎日，読書を日課(にっか)にしています。おとといは $\frac{9}{7}$ 時間，昨日(きのう)は $2\frac{2}{7}$ 時間読書をしました。(10点/1つ5点)

(1) おとといと昨日で，何時間読書をしましたか。

(　　　　　)

(2) ひろしさんは，今日，$1\frac{5}{7}$ 時間読書をしました。3日間で合計何時間の読書をしましたか。

(　　　　　)

3 3m，4m，5mのリボンを切って，それぞれの $\frac{1}{3}$ の長さにします。(10点/1つ5点)

(1) 4mのリボンと5mのリボンは，それぞれ $\frac{1}{3}$ の長さにすると何mになりますか。

4m(　　　　　)　5m(　　　　　)

(2) $\frac{1}{3}$ になった3種類(しゅるい)のリボンを合わせると，何mになりますか。

(　　　　　)

4 次の計算をしなさい。(24点/1つ6点)

(1) $\frac{7}{6}+3\frac{2}{6}-\frac{5}{6}$

(2) $1\frac{3}{4}+2\frac{2}{4}-\frac{9}{4}$

(3) $4\frac{1}{4}-1\frac{3}{4}+\frac{11}{4}$

(4) $5\frac{2}{9}-\frac{28}{9}+1\frac{7}{9}$

5 ある分数から $\frac{3}{7}$ をひいた後，$\frac{2}{7}$ をたすところを，まちがえて $\frac{2}{7}$ をひいてしまったので，答えが3になりました。(20点/1つ10点)

(1) ある分数はいくつですか。

(　　　　　　)

(2) 正しく計算したときの答えを求(もと)めなさい。

(　　　　　　)

6 5mのリボンを，まさしさんが $\frac{8}{6}$ m使い，たかこさんが $2\frac{5}{6}$ m使いました。(20点/1つ10点)

(1) 2人が使ったリボンの長さの合計を求めなさい。

(　　　　　　)

(2) 残(のこ)りのリボンは何mですか。

(　　　　　　)

答え▶別さつ14ページ

時間 25分	とく点
合かく 80点	点

チャレンジテスト③

1 次の□にあてはまる数を書きなさい。(10点/1つ5点)

(1)
$$\begin{array}{r} 6.\square 4 \square \\ -\ 2.8 \square 7 \\ \hline \square .398 \end{array}$$

(2)
$$\begin{array}{r} 2.7 \square \square \\ +\ 6.\square 96 \\ \hline \square .153 \end{array}$$

2 次の計算をして，答えの小数第二位（しょうすうだいにい）を四捨五入（ししゃごにゅう）しなさい。(10点/1つ5点)

(1) 0.35+378.9+120.24

（　　　　）

(2) 12.08−0.55−0.6

（　　　　）

3 次の計算をしなさい。(20点/1つ4点)

(1) 2.5×6+7.4×8

(2) 9.7×4−0.8×6

(3) 1.2÷4+4.8×3

(4) 6.7×9+(4−3.2÷8)

(5) (12−0.6×5)+5.6÷7

4 11.8 kg の米を 4 つの箱に同じ量（りょう）ずつ入れます。1 つの箱の重さは，0.45 kg です。米のはいった箱 1 つの重さは何 kg になりますか。

(10点)

（　　　　）

5 次の計算をしなさい。(20点/1つ5点)

(1) $\frac{7}{6}+\left(1\frac{1}{6}-\frac{5}{6}\right)$

(2) $\frac{20}{7}-\left(1\frac{2}{7}+\frac{6}{7}\right)$

(3) $8-\left(\frac{13}{9}+2\frac{5}{9}\right)$

(4) $2\frac{5}{6}+\left(1\frac{4}{6}-\frac{7}{6}\right)$

6 駅・けい察(さつ)・ゆう便局(びんきょく)・市役所が，下の図のようにならんでいます。駅からゆう便局までは何 km ありますか。(10点)

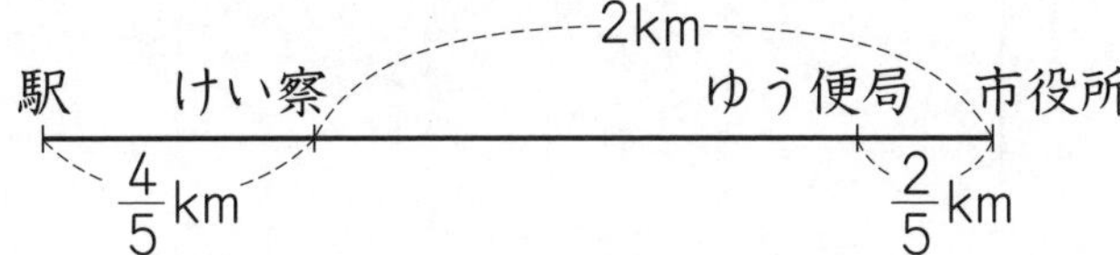

(　　　　　　　)

7 あきらさんは，自転車で1時間に 9.5 km 走ることができます。毎日 3時間走ると，2週間では何 km 走ることができますか。(10点)

(　　　　　　　)

8 3.65 m のテープと，4.25 m のテープをつないで1本にしたら，7.5 m になりました。つなぎ目は何 m ですか。(10点)

(　　　　　　　)

答え▶別さつ15ページ

時間	25分	とく点
合かく	80点	点

1 次の□にあてはまる数を書きなさい。(20点/1つ5点)

(1) $5.002-1.69+0.008=\square$ 〔太成学院大中〕

(2) $0.48+\dfrac{31}{100}=\dfrac{\square}{100}=\square$ (小数)

(3) $2\dfrac{6}{10}+1.4-\dfrac{31}{10}=\dfrac{\square}{10}=\square$ (小数)

(4) $2\dfrac{4}{15}-1\dfrac{3}{15}-\dfrac{9}{15}=\square$

2 次の商(しょう)を四捨五入(ししゃごにゅう)して，小数第二位(しょうすうだいにい)まで求(もと)めなさい。(10点/1つ5点)

(1) $8.7\div9$

(　　　　　　)

(2) $82.3\div16$

(　　　　　　)

3 次の商を小数第二位まで求め，あまりも出しなさい。(10点/1つ5点)

(1) $12.59\div34$

(　　　　　　)

(2) $75.28\div14$

(　　　　　　)

4 はるかさんが家から駅まで歩いたら，260 歩ありました。はるかさんの歩はばは約(やく)0.65 m です。家から駅まで約何 m ありますか。

(15 点)

(　　　　　　)

5 $2\frac{5}{7}$ m のテープと $\frac{9}{7}$ m のテープをつなぎました。つなぎ目は $\frac{2}{7}$ m 重ねました。合わせて何 m のテープができましたか。(15 点)

(　　　　　　)

6 1 分間に 1.85 L 出る水道があります。この水道で水そうに水を入れると，9 分間で 18.25 L 入っていました。水そうには，はじめ何 L の水が入っていましたか。(15 点)

(　　　　　　)

7 みち子さんは，おばさんの家に行くのに，バスに $1\frac{2}{9}$ 時間乗り，電車に $\frac{5}{9}$ 時間乗り，そのあとは歩いて，全部で $2\frac{1}{9}$ 時間かかりました。歩いた時間は何時間ですか。(15 点)

(　　　　　　)

答え▶別さつ15ページ

12 整理のしかた

標準クラス

1 次の表を見て，問いに答えなさい。

(1) 表の㋐～㋔にあてはまる数を書きなさい。

学年別(べつ)けがの種類(しゅるい)調べ(人)

	1年	2年	3年	4年	5年	6年	計
すりきず	㋐	9	14	8	9	7	62
打ちみ	6	7	㋑	5	3	3	27
ねんざ	4	6	6	8	11	6	㋒
つき指	2	0	5	1	1	3	12
計	27	22	28	㋓	24	19	㋔

(2) いちばんけがの多い学年は何年ですか。

(　　　　　　)

(3) 5年では，どのけががいちばん多いですか。

(　　　　　　)

(4) 全体では，どのけががいちばん多いですか。

(　　　　　　)

(5) けがをした人は，全体で何人いますか。

(　　　　　　)

2 ひなたさんのクラスで，きょうだいがいるかどうかを調べました。クラスの人数は32人です。次の問いに答えなさい。

(1) 兄のいる人は8人でした。姉のいる人は10人で，兄も姉もいない人は15人でした。兄も姉もいる人は何人ですか。右の表にまとめながら答えなさい。

（　　　　　）

兄と姉調べ　（人）

		兄		合計
		いる人	いない人	
姉	いる人			10
	いない人		15	
合計		8		32

(2) 妹のいる人は9人で，弟のいる人は7人でした。妹も弟もいる人は2人いました。妹も弟もいない人は何人ですか。右の表にまとめながら答えなさい。

（　　　　　）

妹と弟調べ　（人）

		妹		合計
		いる人	いない人	
弟	いる人	2		7
	いない人			
合計		9		32

3 ある日の動物園の入園者数を調べると，次のようになりました。

・男女別では，男213人，女237人。

・大人と子ども別では，大人206人，子ども244人。このうち，女の子どもは138人。

右の表の空らんに，数を書きなさい。

動物園の入園者数調べ（人）

	男	女	計
大人			
子ども			
計			

答え▶別さつ16ページ

時間 25分	とく点
合かく 80点	点

12 整理のしかた ハイクラス

1 次の表は，1から100までの整数について，4と7でわり切れるかどうかについてまとめた表です。表の中には，あてはまる整数が何こあるかがはいります。

(1) 表の空らんに数を書きなさい。(20点)

(2) ㋐にあてはまる数は，どんな数ですか。ことばで説明(せつめい)しなさい。(10点)

7でわる＼4でわる	わり切れる	わり切れない	計
わり切れる	㋐ 3		
わり切れない			
計			

(こ)

(　　　　　　　　)

(3) ㋐にあてはまる数3こを，すべて書きましょう。(10点)

(　　　　　　　　)

2 お店で，次のような40人の昼食の注文を受けました。下の表に数を書きなさい。ただし，1人分の注文はべん当が1種類(しゅるい)と飲み物が1種類になっています。(20点)

<昼食の注文>　サンドイッチは21人が注文し，そのうちお茶を注文した人は6人です。おむすびとお茶を注文した人は9人です。おむすびとジュースの人はいません。お茶は21人，ジュースは19人が注文しました。

飲み物＼べん当	サンドイッチ	おむすび	おすし	計
お　茶				
ジュース				
計				

(人)

3 あき子さんの学年では，レクリエーションとしてスポーツ大会をすることになりました。種目(しゅもく)は，ドッジボール，バスケットボール，たっ球で，1人が1回目と2回目でちがう種目を選(えら)ぶことにします。

(20点/1つ10点)〔お茶の水女子大附中〕

(1) それぞれの種目を選んだ人を調べたら，右の表のようになりました。また，1回目にバスケットボールを選んだ人の中で，2回目にたっ球を選んだ人は，2人でした。1回目にドッジボール，2回目にたっ球を選んだ人は，何人ですか。

種　目	1回目	2回目
たっ球	14	10
バスケットボール	15	15
ドッジボール	22	26

(人)

(　　　　)

(2) ドッジボールとバスケットボールを選んだ人は，何人ですか。

(　　　　)

4 30人の児童(じどう)が算数のテストを受けました。問題は3題あり，第1問は2点，第2問は3点，第3問は5点の10点満点(まんてん)です。下の表は，テストの点数ごとの人数をまとめたものです。あとの問いに答えなさい。(20点/1つ10点)

得点(とくてん)(点)	0	2	3	5	7	8	10
人数(人)	1	2	3	12	8	3	1

(1) このテストで得点が5点になるのは2通りあります。その2通りを答えなさい。

(　　　　)(　　　　)

(2) このテストで第3問ができた児童は19人いました。第3問だけができた人は何人ですか。

(　　　　)

答え▶別さつ17ページ

13 折れ線グラフ

標準クラス

1 右の折れ線グラフは，午前９時から午後６時までの１時間ごとの気温の変化を表したものです。

気温の変化

(度)
28
27
26
25
24
23
0

午前9時 午前10時 午前11時 正午 午後1時 午後2時 午後3時 午後4時 午後5時 午後6時

(1) たての１目もりは，何度ですか。

(　　　　　　　)

(2) 午前11時の気温は何度ですか。

(　　　　　　　)

(3) 気温の上がり方がいちばん大きかったのは，何時から何時までの間ですか。また，何度上がりましたか。

(　　　　　　　　　までの間で，　　　度)

(4) 気温の下がり方がいちばん大きかったのは，何時から何時までの間ですか。また，何度下がりましたか。

(　　　　　　　　　までの間で，　　　度)

(5) 気温が変わらなかったのは，何時から何時までの間ですか。

(　　　　　　　　　　　　　　　)

2 次の図は折れ線グラフのかたむきぐあいを表したものです。下の(　)にあてはまる記号を入れなさい。

ア
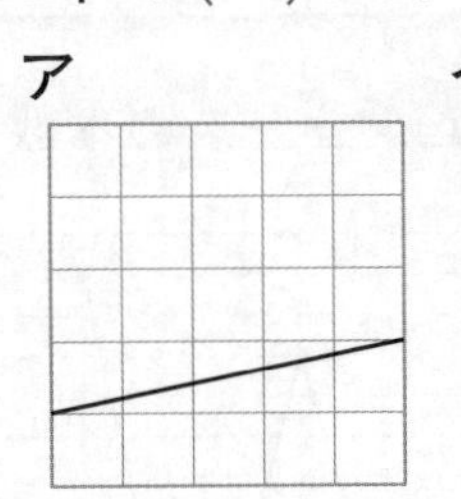
イ
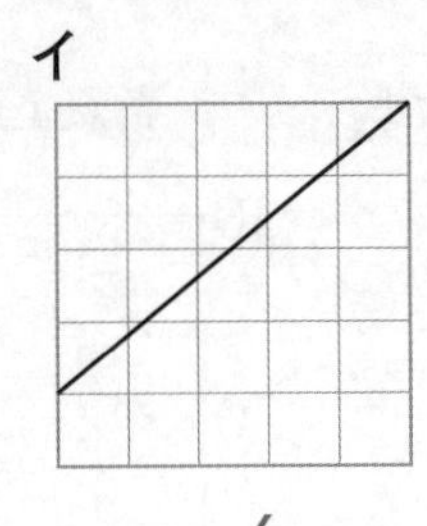
ウ
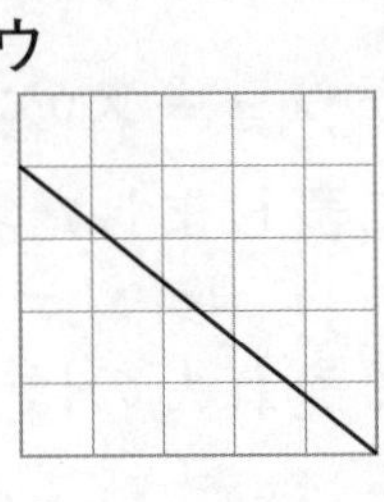
エ
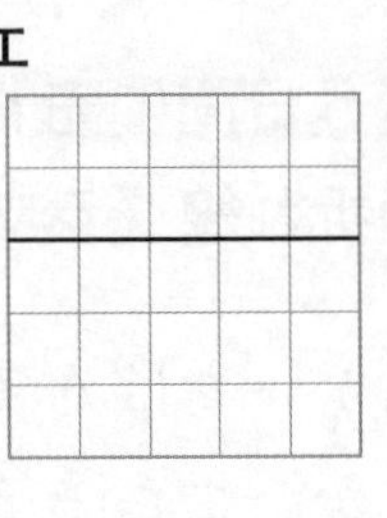
オ
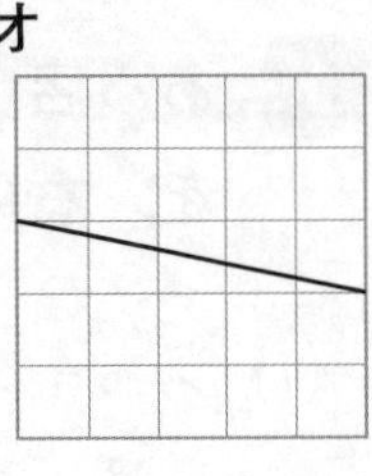

(1) 変わらない (　　　)　(2) 少しずつふえている (　　　)

(3) 大きくふえている (　　　)　(4) 大きくへっている (　　　)

3 次のア～エは，ぼうグラフと折れ線グラフのどちらで表すとよいですか。記号で答えなさい。

ア ある地いきの5年間の米のとれ高のようすを表す。

イ それぞれの学級が1か月間に読んだ本のさっ数をくらべる。

ウ けがの人数を種類別(しゅるいべつ)に表す。

エ 車が5時間に走ったきょりを，1時間ごとに表す。

ぼうグラフ (　　　　　)　折れ線グラフ (　　　　　)

4 右の表をもとにして，右下の折れ線グラフの続(つづ)きをかきなさい。ただし，人口は十の位(くらい)を四捨五入(ししゃごにゅう)して百の位までの数にします。

西町の人口

年	2000年	2001年	2002年	2003年	2004年
人口(人)	19965	19545	19598	19318	19397

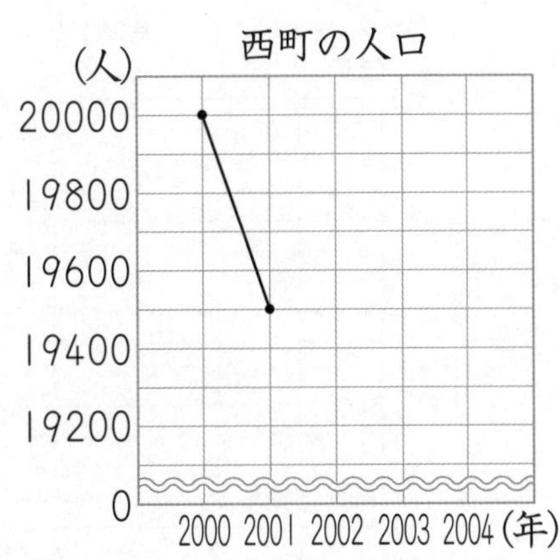

13 折れ線グラフ

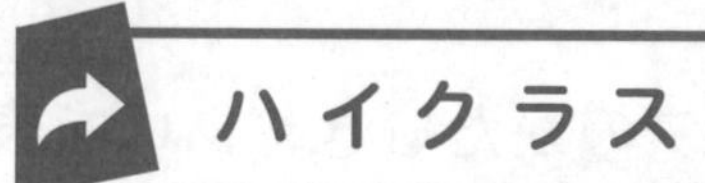

答え▶別さつ17ページ

時間 25分	とく点
合かく 80点	点

1 ある店で5日間に売れたジュースの本数を，右の折れ線グラフに表しました。（40点/1つ20点）

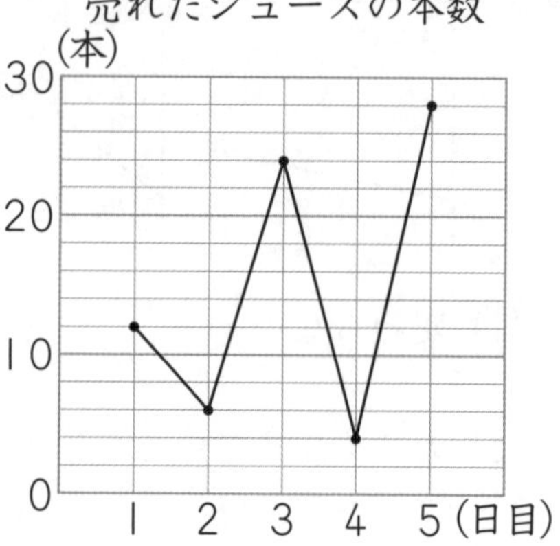

(1) ジュースがいちばん多く売れたのは，何日目ですか。また，それはいちばん少ない日の本数の何倍ですか。

（　　　日目，　　　倍）

(2) 前日にくらべてへった本数がいちばん多かったのは，何日目ですか。また，その日に売れた本数は，前日の本数の何分の1ですか。

（　　　日目，　　　）

2 次の文を読んで，折れ線グラフを完成させなさい。（15点）

まなぶさんは，4日間グラウンドを1日に1周走り，そのタイムを記録しました。

- 1日目は，2分10秒でした。
- 2日目は，前日より50秒タイムがちぢみました。
- 3日目は，2日目の2倍の時間がかかりました。
- 4日目は，前日より70秒はやくなりました。

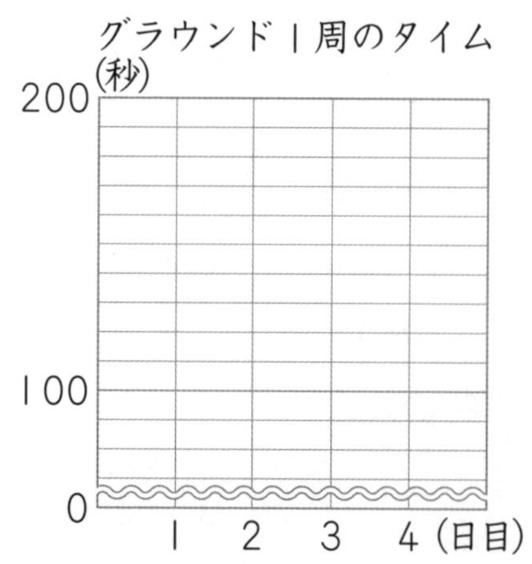

3 Aさんたち５人が，算数のテストを５回受けました。次の表は，テストの得点(とくてん)を表したものです。(45点/1つ15点)　〔淳心学院中〕

	１回目	２回目	３回目	４回目	５回目
A	70	70	80	80	90
B	10	30	30	50	50
C	50	80	70	80	70
D	70	90	100	90	100
E	80	90	70	100	80

(1) AさんとBさんのテストの結果(けっか)を，折れ線グラフに表しました。Cさんのテストの結果を，折れ線グラフに表しなさい。

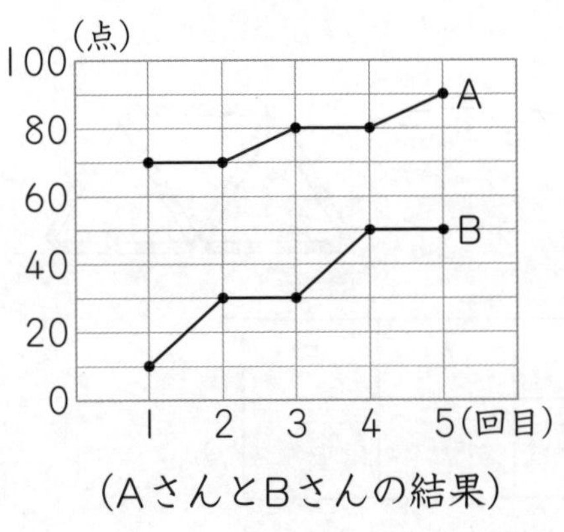

(AさんとBさんの結果)

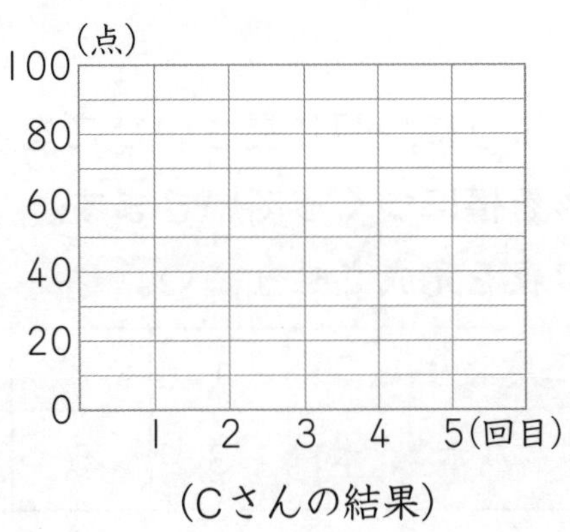

(Cさんの結果)

(2) 残(のこ)りの２人のテストの結果も，折れ線グラフに表しなさい。

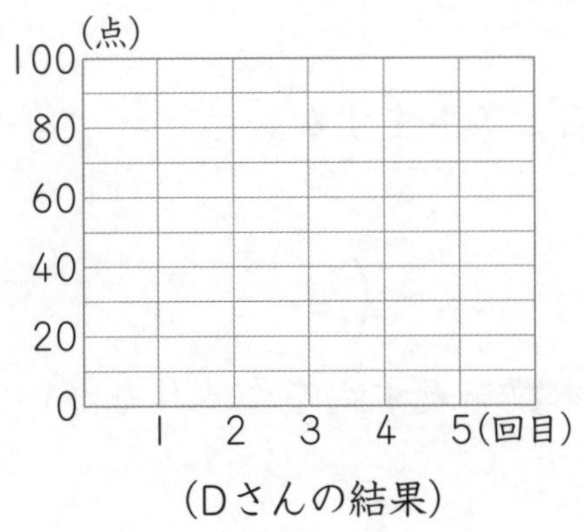

(Dさんの結果)

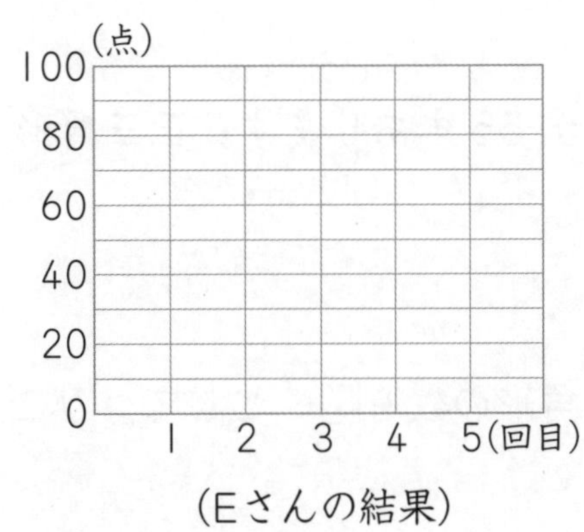

(Eさんの結果)

答え▶別さつ18ページ

14 変わり方

標準クラス

1 下の表は，テープの長さと，その代金の関係を表したものです。

□(m)	1	2	3	4	5	6
○(円)	30	60	㋐	120	㋑	180

(1) 上の表の㋐，㋑にあてはまる数を書きなさい。

(2) 次の(　)に□か○を入れて，式を完成させなさい。

(　　　)=30×(　　　)

2 右のように，同じ長さのひごを使って，正三角形を横につくっていきます。

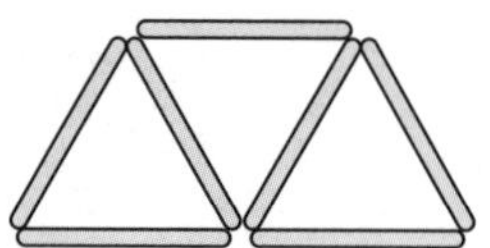

(1) 次の表を完成させなさい。

正三角形の数(こ)	1	2	3	4	5
ひごの本数(本)	3	5			

(2) 正三角形を10こつくるのに，ひごは何本いりますか。

(　　　　　)

(3) ひごが55本あります。正三角形は何こできますか。

(　　　　　)

(4) 正三角形の数を□こととして，ひごの本数を表す式をつくりなさい。

(　　　　　)

3 右の図のような水そうに，１分間に３Ｌずつ水を入れていきます。水そうにはいった水の量と，水面の高さについて調べました。

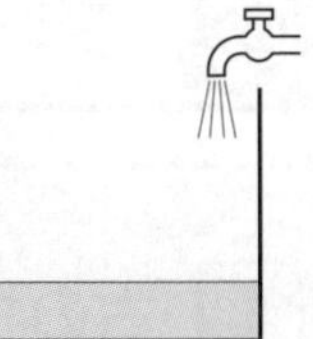

(1) 次の表を完成させなさい。

時間(分)	1	2	3	4	5
水の量(L)	3	6			
高さ(cm)	6	12			

(2) 20分後の水の量と，水面の高さはいくらですか。

水の量（　　　　　）　水面の高さ（　　　　　）

(3) 水を入れた時間を□分として，水の量△Ｌと，水面の高さ○cmを表す式をつくりなさい。

△（　　　　　）　○（　　　　　）

4 右の図のように，おはじきを正方形にならべていきます。

(1) １辺のおはじきの数が，２こ，３こ，４こ，…と１こずつふえていくと，まわりのおはじきの数はどのようにふえていきますか。次の表を完成させなさい。

１辺の数(こ)	2	3	4	5	6
まわりの数(こ)					

(2) １辺のおはじきの数を□こ，まわりのおはじきの数を△ことして，□と△の関係を式に表しなさい。

（　　　　　）

(3) まわりのおはじきが100こあるとき，１辺のおはじきの数は何こになりますか。

（　　　　　）

答え▶別さつ18ページ

時間 25分	とく点
合かく 80点	点

チャレンジテスト⑤

1 右の折れ線グラフは，めいさんの学級の人が図書室から借りた本のさっ数を表したものです。(24点/1つ8点)

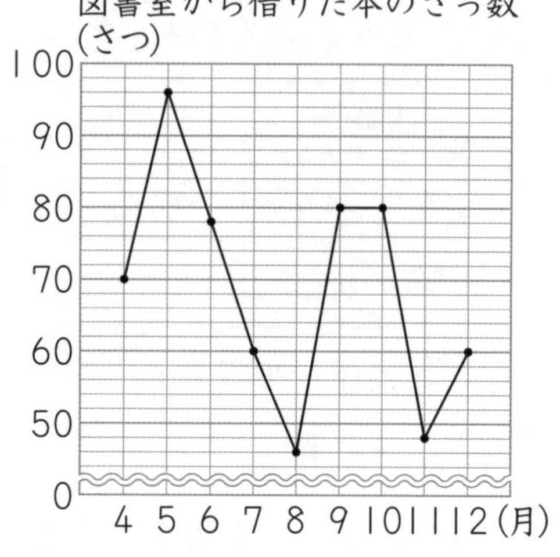

(1) 借りた本のさっ数のふえ方がいちばん大きいのは，何月から何月の間ですか。

（　　　から　　　の間）

(2) 借りた本のさっ数のへり方がいちばん大きいのは，何月から何月の間ですか。

（　　　から　　　の間）

(3) 5月に借りたさっ数は，11月に借りたさっ数の何倍ですか。

（　　　　）

2 よしとさんの学級の人数は35人です。今回の算数のテストは1番と2番の2問があり，1番は10点，2番は15点の25点満点でした。また，0点の人は2人，10点の人は8人，15点の人は20人いました。

(1) 25点の人は，何人いますか。(8点)

（　　　　）

(2) 1番が正解の人は，何人ですか。(8点)

（　　　　）

(3) テストの結果を，右の表にまとめなさい。正解は○，不正解は×とします。(10点)

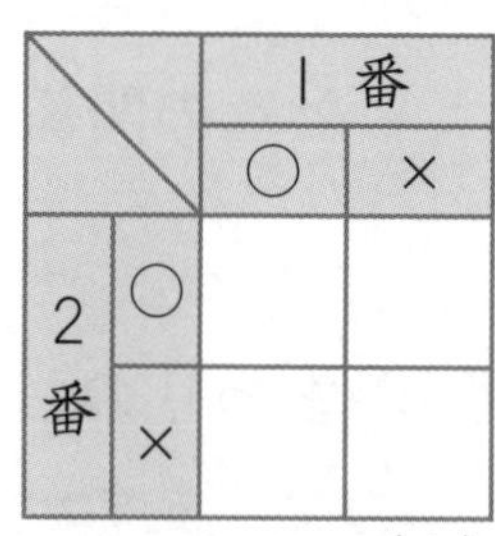

		1番	
		○	×
2番	○		
	×		

(人)

3 右の図のように，同じ長さのひごを使って，正方形を横につくっていきます。

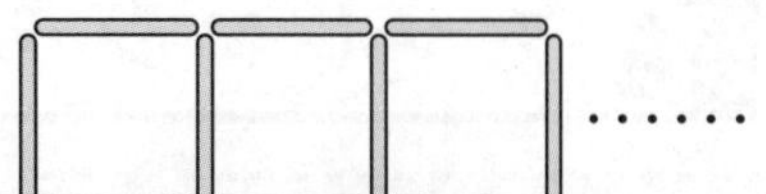

(1) 次の表を完成させなさい。(10点)

正方形の数(こ)	1	2	3	4	5
ひごの本数(本)	4	7			

(2) 正方形を10こつくるのに，ひごは何本いりますか。(8点)

(　　　　)

(3) ひごが70本あります。正方形は何こできますか。(8点)

(　　　　)

(4) 正方形の数を□ことして，ひごの本数△本を表す式をつくりなさい。(8点)

(　　　　)

4 右の図のように，青と白の正三角形の紙をしきつめて，1だんずつふやしてできる正三角形があります。(16点/1つ8点)

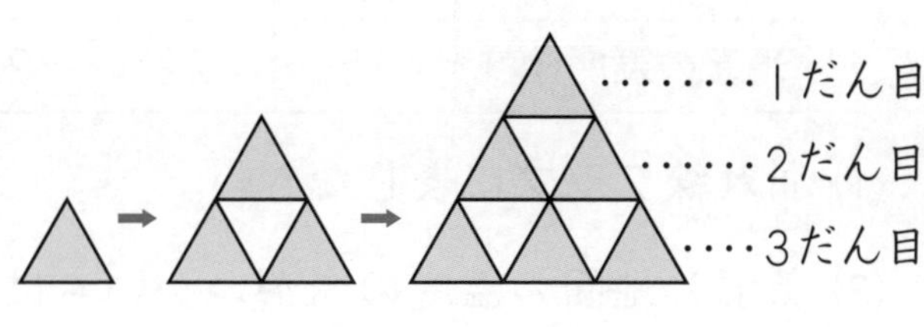

(1) 6だんまでふやしたときにできる正三角形には，青と白の正三角形の紙は，それぞれ何まいありますか。

青(　　　　)　白(　　　　)

(2) 青と白の正三角形の紙が合わせて64まいできる正三角形は，何だんありますか。

(　　　　)

答え▶別さつ19ページ

時 間	25分	とく点
合かく	80点	点

チャレンジテスト⑥

1 ゆいさんのクラスで，犬とねこをかっている人の人数を調べました。

(20点/1つ10点)

犬とねこをかっている人調べ(人)

ねこ ＼ 犬	かっている	かっていない	計
かっている	8		15
かっていない		㋐	
計	18		34

(1) ㋐の部分にはいる人は，どんな人ですか。

(　　　　　　　　)

(2) ㋐の部分にはいる人は何人ですか。

(　　　　　　　　)

2 下の表は，ある日の気温と地面の温度をはかった記録(きろく)です。

(30点/1つ10点)

気温と地面の温度

時こく(時)	午前 8	10	12	午後 2	4	6
気温(度)	16	21	23	24	22	21
地面の温度(度)	15	22	26	28	24	19

(1) 折(お)れ線(せん)グラフに表しなさい。

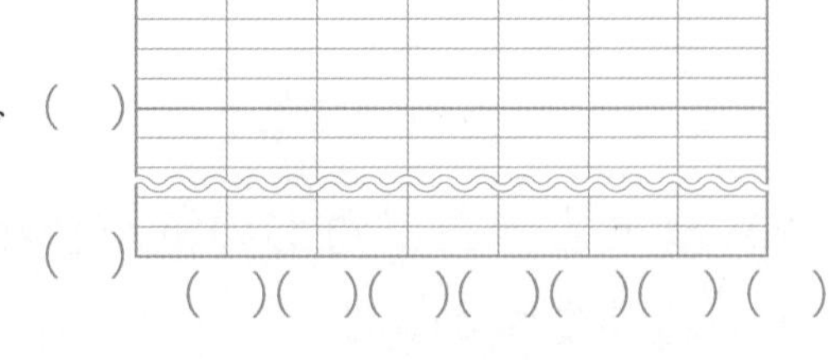

(2) 気温と地面の温度のちがいがいちばん大きかったのは，何時で，ちがいは何度ですか。

(　　　　時，　　　度)

(3) 午前11時の気温と地面の温度はグラフから考えて，何度と考えられますか。

気温(　　　　)　地面の温度(　　　　)

3 右の図のように，上のだんから１こ，２こ，３こ，……となるように，箱を積んでいきます。(20点/1つ10点)

(1) 10だんまで積むと，箱は全部で何こになりますか。

(　　　　　　)

(2) 105この箱を積むと，何だんになりますか。

(　　　　　　)

4 右の図のように，黒石を正方形の形にならべ，そのまわりを白石で囲みます。次の問いに答えなさい。

(30点/1つ10点)〔広島女学院中〕

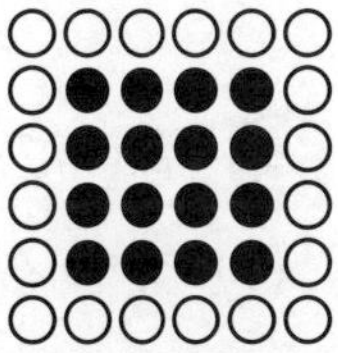

(1) 黒石が25このとき，白石は何こ必要ですか。

(　　　　　　)

(2) 白石が60このとき，黒石は何こ必要ですか。

(　　　　　　)

(3) 黒石と白石を合わせて400こ使うとき，白石の数は何こですか。

(　　　　　　)

答え▶別さつ20ページ

15 角の大きさ

標準クラス

1 次の大きさの角をかきなさい。

(1) 30°　　(2) 110°　　(3) 220°

2 角㋐の大きさを求(もと)めなさい。

(1) 交わる２直線

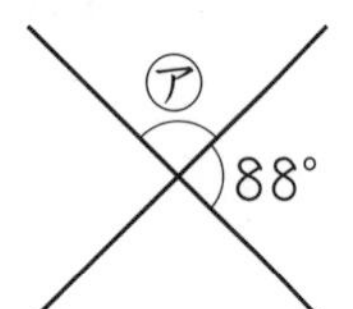

(2) 交わる２直線

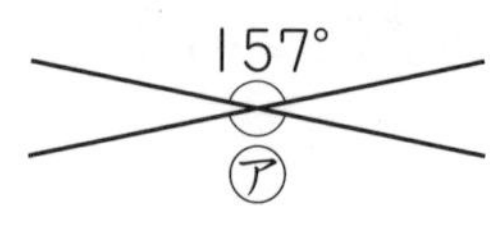

(3) 三角じょうぎ

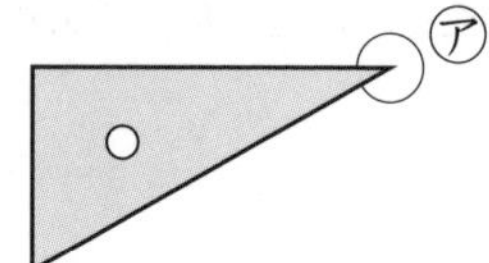

(　　　　)(　　　　)(　　　　)

3 次の□にあてはまる数を書きなさい。

(1) □°$=\frac{1}{2}$直角

(2) □°$=\frac{1}{3}$直角

(3) □°＝２直角

(4) □°＝３直角

4 右の図のように，円を 12 等分し，ア～シとしました。次の角度を求めなさい。(ただし，時計回りに進みます。)

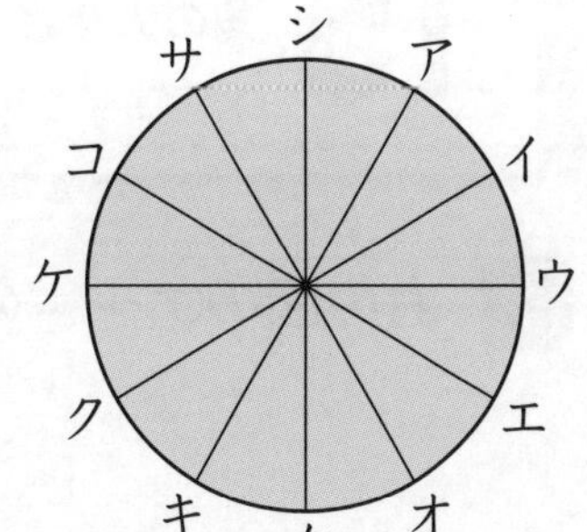

(1) アからオの角度　(　　　　　　)

(2) ウからコの角度　(　　　　　　)

(3) クからキの角度　(　　　　　　)

5 次の図は，三角じょうぎを組み合わせたものです。角㋐の大きさを求めなさい。

(1)

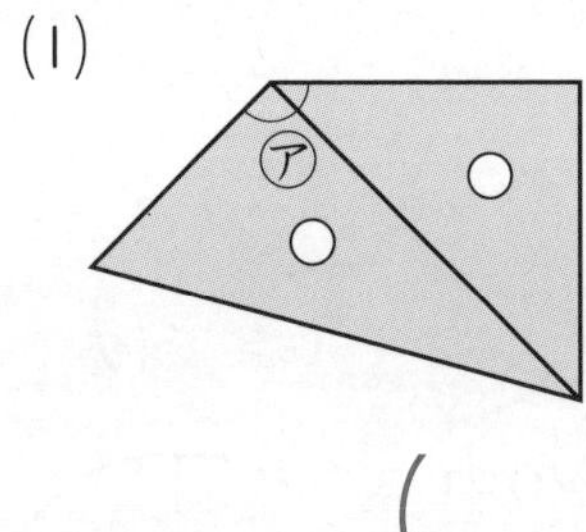

(　　　　　　)

(2)

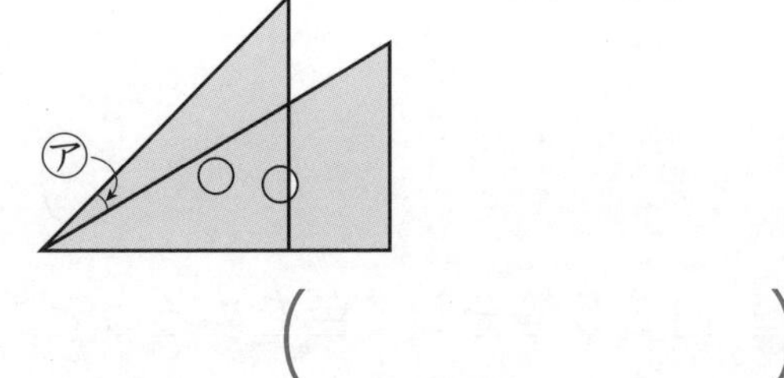

(　　　　　　)

(3)

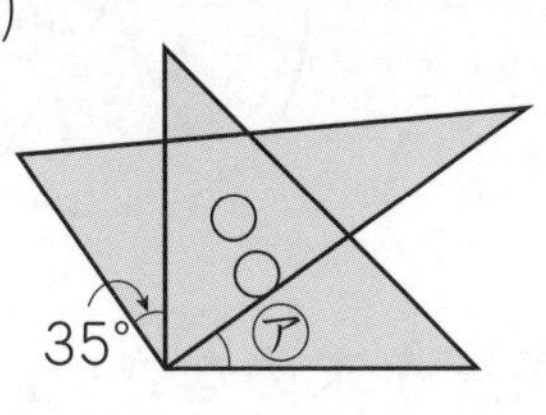

(　　　　　　)

(4)

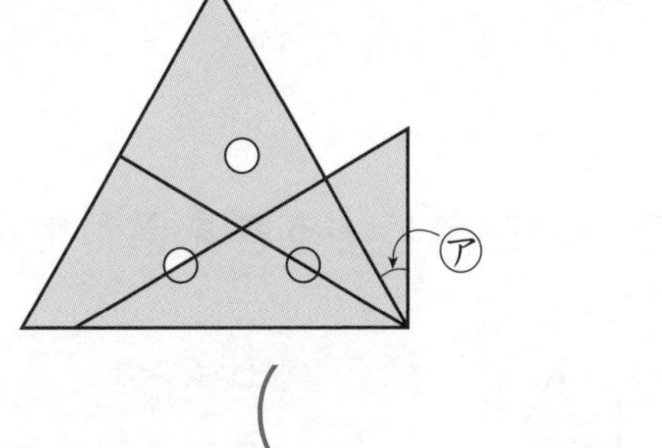

(　　　　　　)

(5)

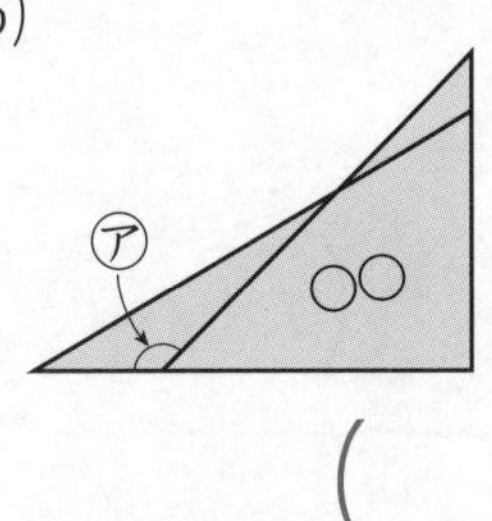

(　　　　　　)

(6)

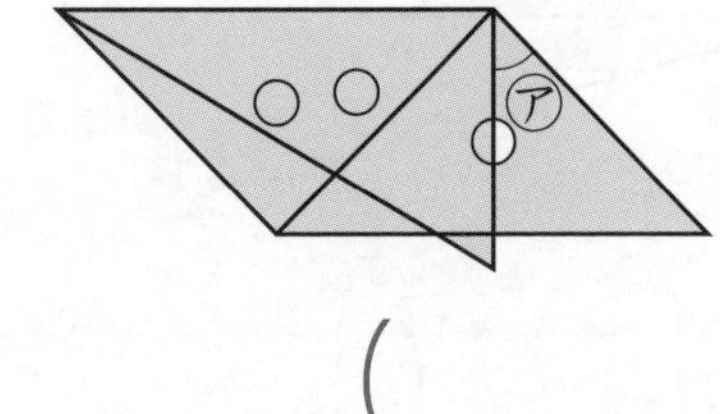

(　　　　　　)

15 角の大きさ

答え▶別さつ20ページ

時間 25分	とく点
合かく 80点	点

1 右の図の㋐〜㋓の角度を求(もと)めなさい。（16点/1つ4点）

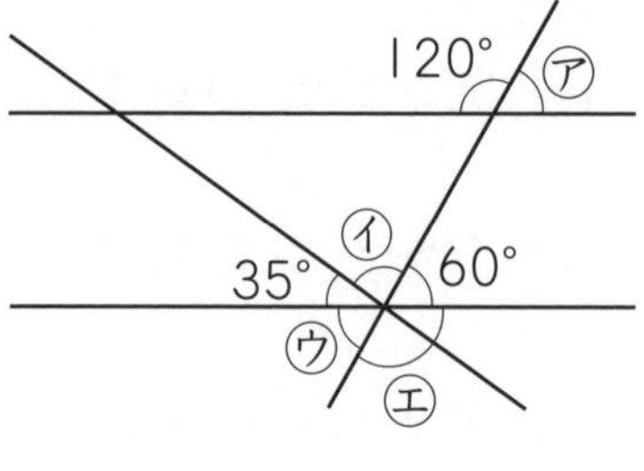

㋐（　　　）　㋑（　　　）

㋒（　　　）　㋓（　　　）

2 次の正方形の角㋐の大きさを求めなさい。（8点/1つ4点）

(1)

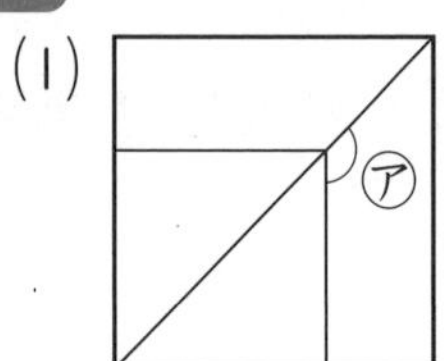

（　　　）

(2)

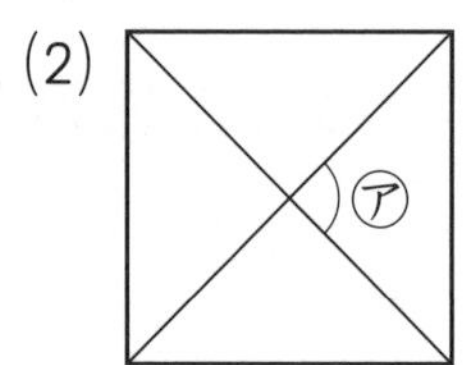

（　　　）

3 円を５等分して色をぬろうと思います。おうぎ形の中心角を何度にすればよいですか。（6点）

（　　　）

4 ２つの三角じょうぎを重ねています。㋐や㋑の角度を求めなさい。（18点/1つ6点）

(1)〔土佐女子中〕

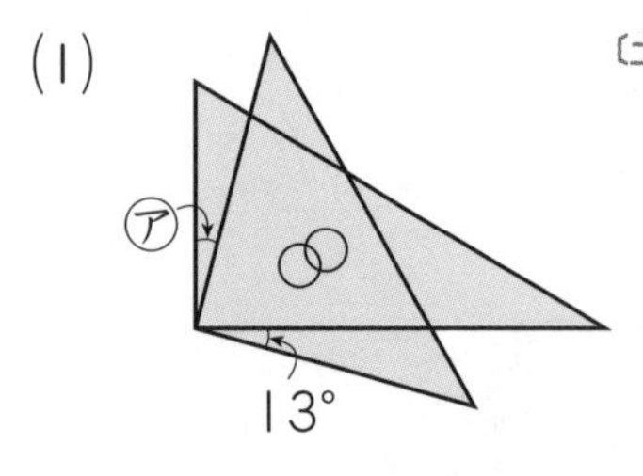

（　　　）

(2)〔京都教育大附属桃山中〕

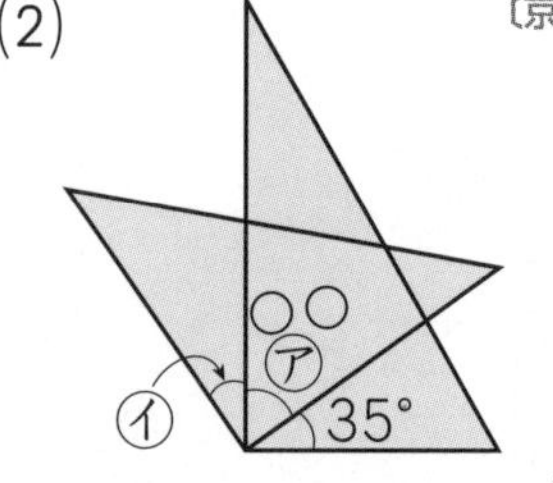

㋐（　　　）

㋑（　　　）

5 時計の長いはりが，次の時間に回る角度は，何度ですか。(16点/1つ4点)

(1) 1分 →（　　　　）度　(2) 15分→（　　　　）度

(3) 35分→（　　　　）度　(4) 50分→（　　　　）度

6 時計の短いはりが，次の時間に回る角度は，何度ですか。(12点/1つ4点)

(1) 30分→（　　　　）度　(2) 10分→（　　　　）度

(3) 70分→（　　　　）度

7 時計の長いはりと短いはりでできた角の大きさを求めなさい。

(16点/1つ4点)

(1) 7時

（　　　　）度

(2) 1時30分

（　　　　）度

(3) 8時20分

（　　　　）度

(4) 4時40分

（　　　　）度

8 右の図のような10kgまではかれるはかりがあります。百科事典の重さをはかると，ちょうど3kgでした。はりは何度回りましたか。(8点)

（　　　　）

答え▶別さつ21ページ

16 垂直と平行

1 三角じょうぎを使い，点Aを通って，直線㋐に垂直な直線をかきなさい。

(1)

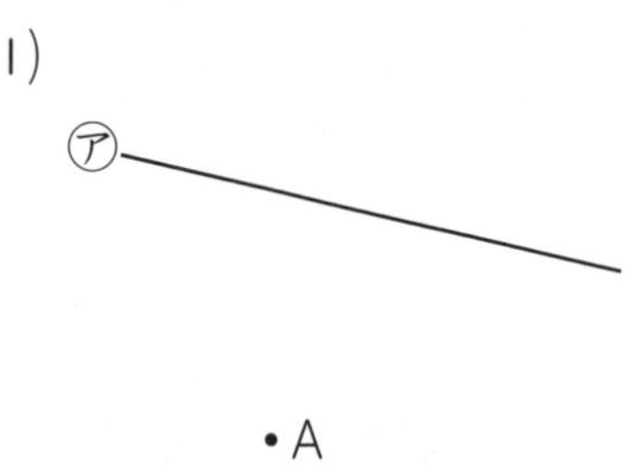

(2)

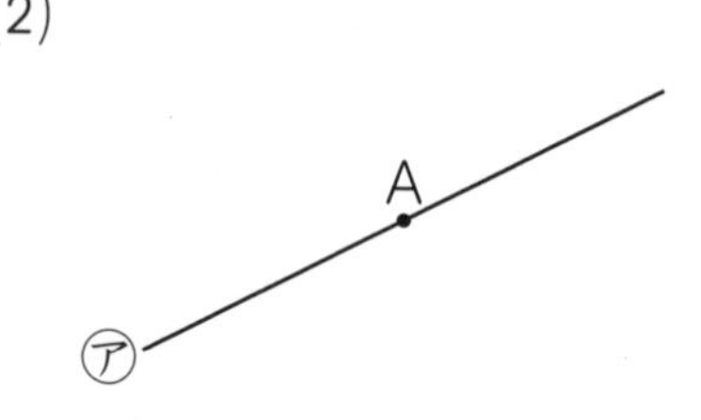

2 下の図を見て，次の問いに答えなさい。

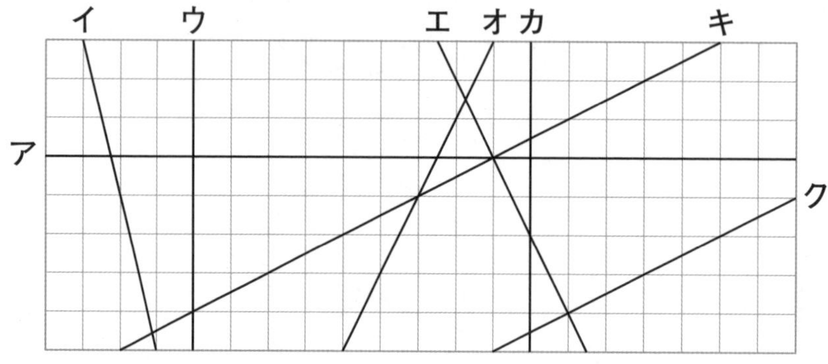

(1) 垂直な直線はどれとどれですか。すべて選んで，記号で答えなさい。

( )

(2) 平行な直線はどれとどれですか。すべて選んで，記号で答えなさい。

3 右の図で，AとBの直線は平行です。次の問いに答えなさい。

(1) **ア**の角と大きさが等しい角をすべて選んで答えなさい。

(　　　　　)

(2) **カ**の角と大きさが等しい角をすべて選んで答えなさい。

(　　　　　)

(3) **ア**の角が120°のとき，**ク**の角は何度になりますか。

(　　　　　)

4 1本の直線に垂直な直線を2本ひくと，その2本の直線の関係(かんけい)はどうなっていますか。

(　　　　　)

5 右の長方形について，次の問いに答えなさい。

(1) 辺(へん)アイと平行な辺を答えなさい。

(　　　　　)

(2) 辺アエと垂直な辺をすべて答えなさい。

(　　　　　)

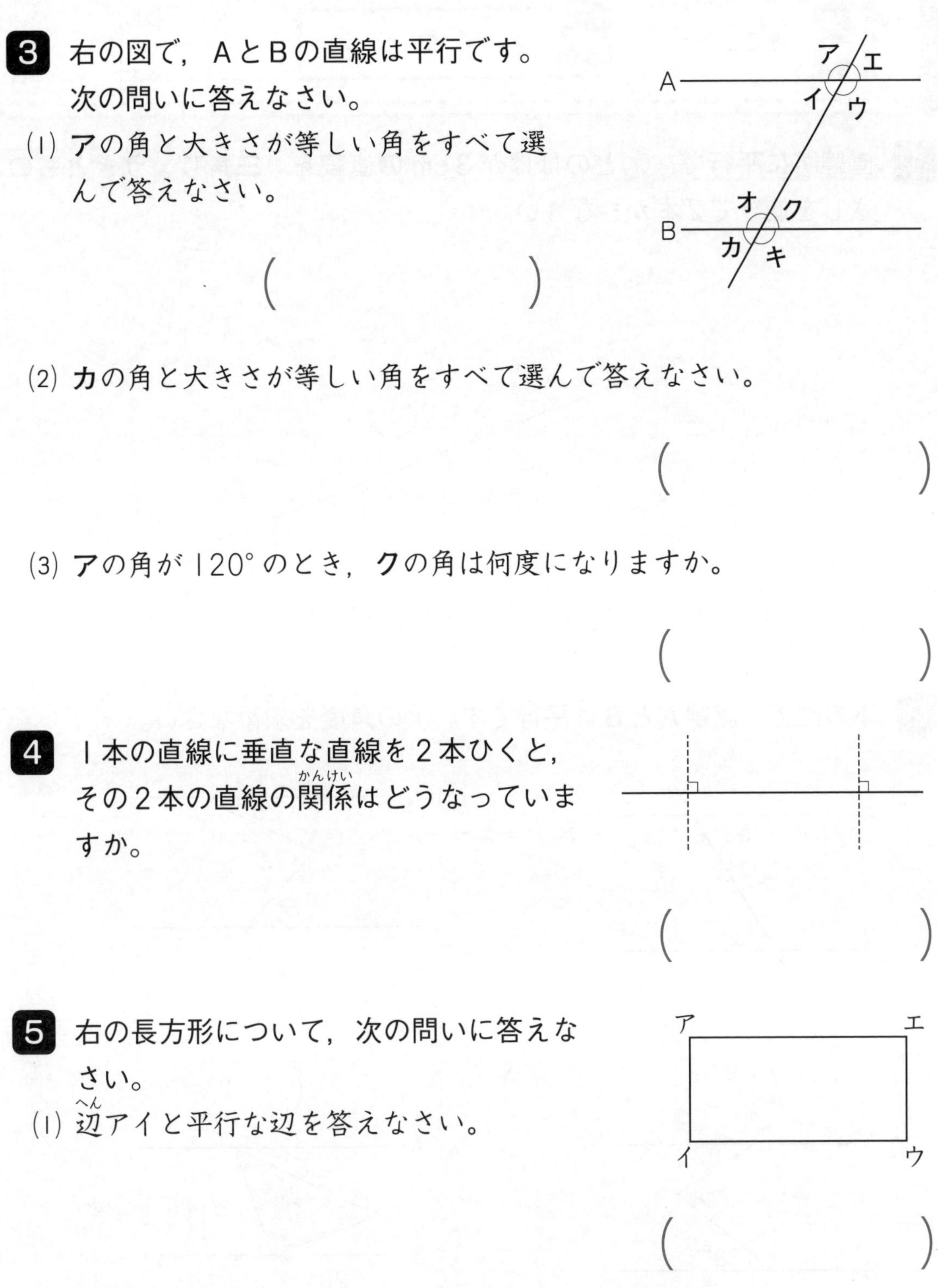

答え▶別さつ21ページ

16 垂直（すいちょく）と平行

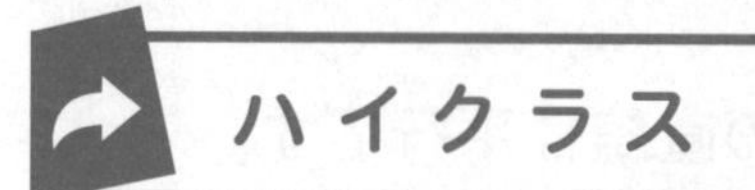

時間 25分	とく点
合かく 80点	点

1 直線㋐に平行で，㋐とのはばが 3 cm の直線を，三角じょうぎとものさしを使って２本かきなさい。（8 点）

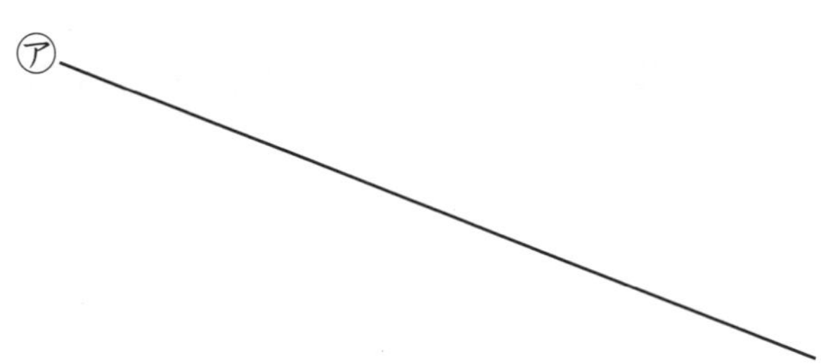

2 下の図で，直線 A と B は平行です。㋐の角度を求（もと）めなさい。

（32 点/1 つ 8 点）

(1)

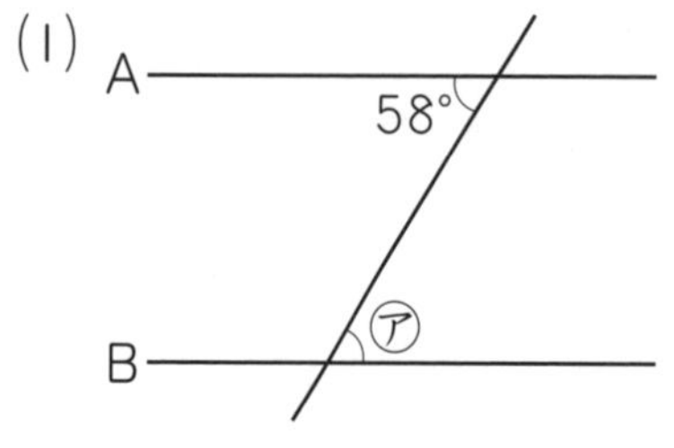

(2)

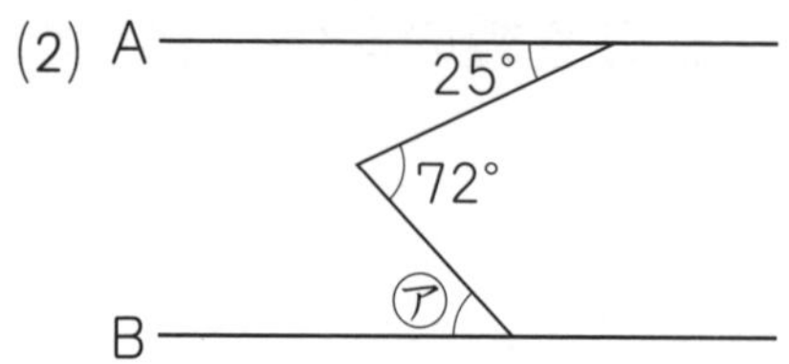

（　　　　）　（　　　　）

(3)

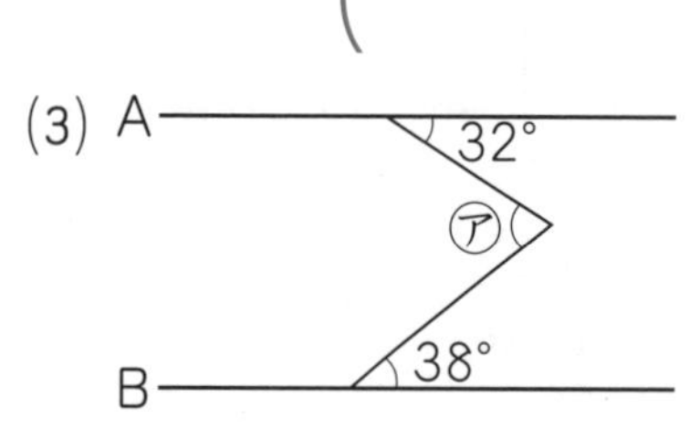

(4)

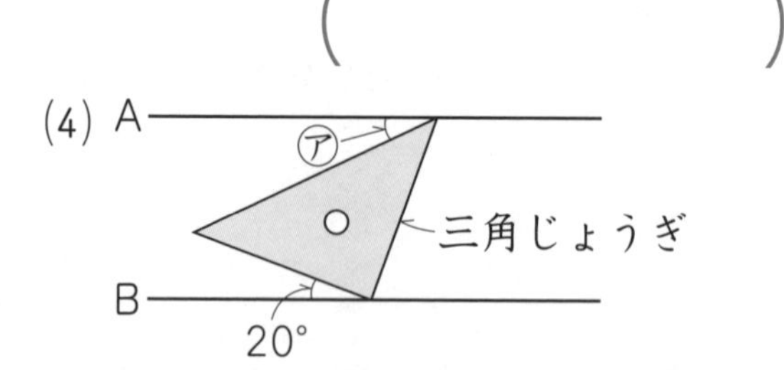

（　　　　）　（　　　　）

3 右の図は，同じ大きさの長方形を２つ組み合わせたものです。(30点/1つ10点)

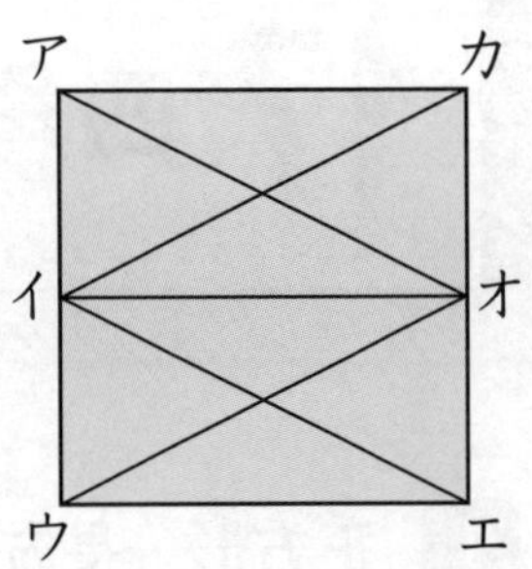

(1) 辺アカと平行な辺をすべて答えなさい。

(　　　　　　　　　　)

(2) 辺カエと垂直な辺をすべて答えなさい。

(　　　　　　　　　　)

(3) 辺イカと平行な辺を答えなさい。

(　　　　　　　　　　)

4 右の図は，２まいの同じ大きさの長方形をずらして重ねたものです。(20点/1つ10点)

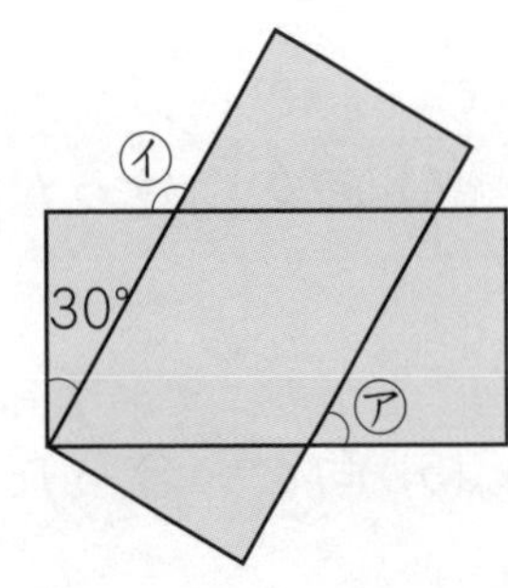

(1) 角㋐は何度になりますか。

(　　　　　　　　　　)

(2) 角㋑は何度になりますか。

(　　　　　　　　　　)

5 右の図のように，長方形の紙を折り曲げました。㋐の角度を求めなさい。(10点)

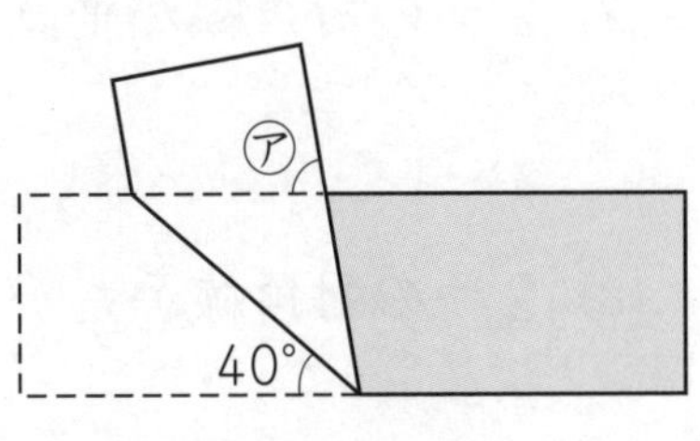

(　　　　　　　　　　)

答え▶別さつ22ページ

17 四角形

1 正方形・長方形・平行四辺形・ひし形・台形の５種類の四角形の中で，次のせいしつにあてはまるものをすべて答えなさい。

(1) ４つの辺の長さがすべて等しい。

（　　　　　　　　　　）

(2) 向かい合った辺の長さは等しく，となり合った辺の長さはちがう。

（　　　　　　　　　　）

(3) ４つの角の大きさがすべて 90° である。

（　　　　　　　　　　）

(4) 向かい合った角の大きさが等しい。

（　　　　　　　　　　）

(5) 向かい合った辺が１組だけ平行である。

（　　　　　　　　　　）

(6) 向かい合った辺が２組とも平行である。

（　　　　　　　　　　）

(7) ２つの対角線が垂直に交わる。

（　　　　　　　　　　）

(8) ２つの対角線がたがいに２等分した点で交わる。

（　　　　　　　　　　）

(9) ２つの対角線の長さが等しい。（　　　　　　　　　　）

2 下の図のそれぞれには16この点があります。この点を利用して，ちがう形(大きさ)の正方形，長方形，平行四辺形，台形，ひし形を，それぞれ1つ以上，合わせて12こかきなさい。

3 右の四角形ABCDは平行四辺形です。

(1) 辺CDの長さは何cmですか。

(　　　　　)

(2) 辺ADの長さは何cmですか。

(　　　　　)

(3) ㋐の角度は何度ですか。

(　　　　　)

(4) ㋑の角度は何度ですか。

(　　　　　)

答え▶別さつ22ページ

17 四角形 ハイクラス

時間 25分　合かく 80点　とく点　点

1 下のア～コは，四角形のせいしつです。(12点/1つ6点)

ア 4つの辺の長さが等しい。
イ 対角線が垂直に交わる。
ウ 向かい合った角の大きさが等しい。
エ 4つの角の大きさが等しい。
オ 向かい合った2組の辺が平行になる。
カ 対角線の長さが等しい。
キ 4つの角がすべて90°になる。
ク 対角線が真ん中で交わる。
ケ 1組の辺だけが平行になる。
コ 向かい合った辺の長さが等しい。

(1) 平行四辺形のせいしつはどれですか。記号ですべて答えなさい。

(　　　　　　)

(2) ア，イ，ウ，オ，カ，クのせいしつをもっている四角形を答えなさい。

(　　　　　　)

2 下の図は，いろいろな四角形を対角線で折り曲げたものです。もとの図形の名まえを書きなさい。(12点/1つ6点)

(1)

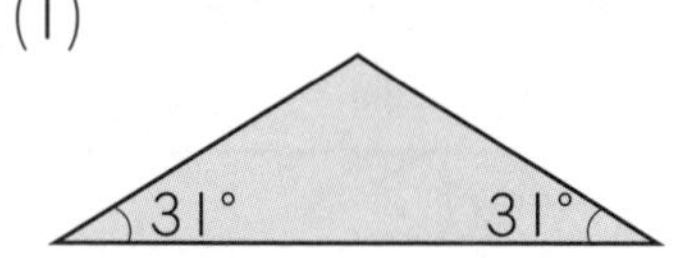

(2)

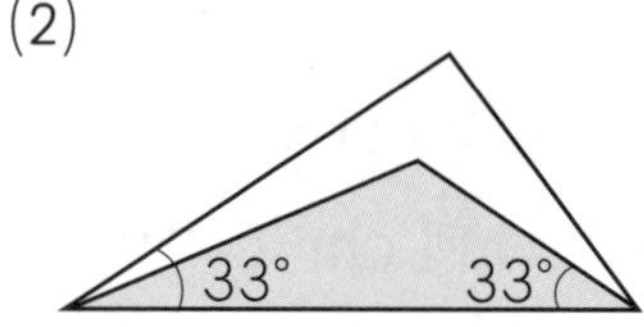

(　　　　　　)　(　　　　　　)

3 対角線が次のように交わる四角形の名前を書きなさい。(24点/1つ8点)

(1)

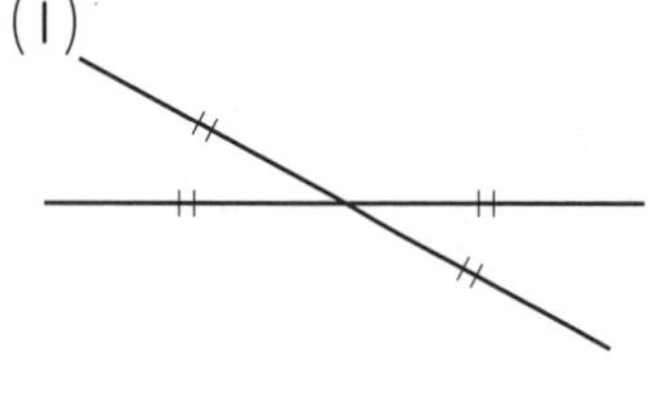

(2)

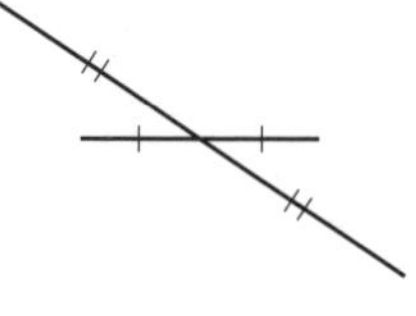

(3)

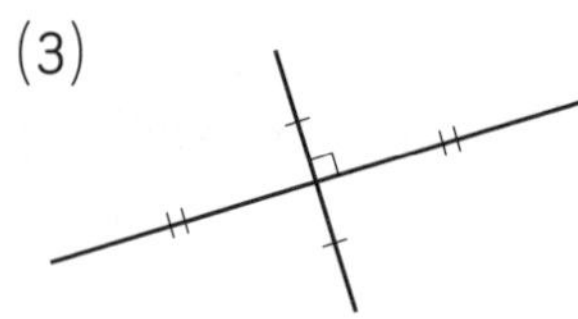

(　　　　　　)(　　　　　　)(　　　　　　)

4 正方形・長方形・ひし形を対角線で切った図形について考えます。

(24点/1つ8点)

(1) 正方形を１本の対角線で切ると，２つの同じ図形ができます。図形の名前を答えなさい。

(　　　　　　　　　)

(2) ひし形を２本の対角線で切ると，４つの同じ図形ができます。図形の名前を答えなさい。

(　　　　　　　　　)

(3) 長方形を２本の対角線で切ると，同じ図形が２つずつできます。図形の名前を答えなさい。

(　　　　　　　　　)

5 １まいの正方形を，右の図のように切って，同じ大きさの直角三角形を４まいつくりました。そして，この４まいの直角三角形をならべかえて，下のようなひし形と平行四辺形をつくりました。どのようにならべたかわかるように，線をかきなさい。(8点)

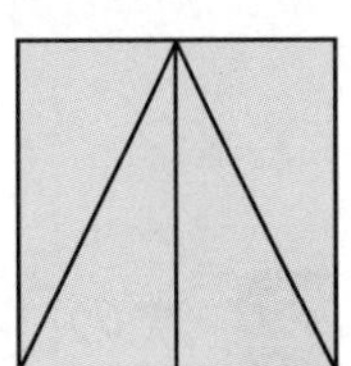

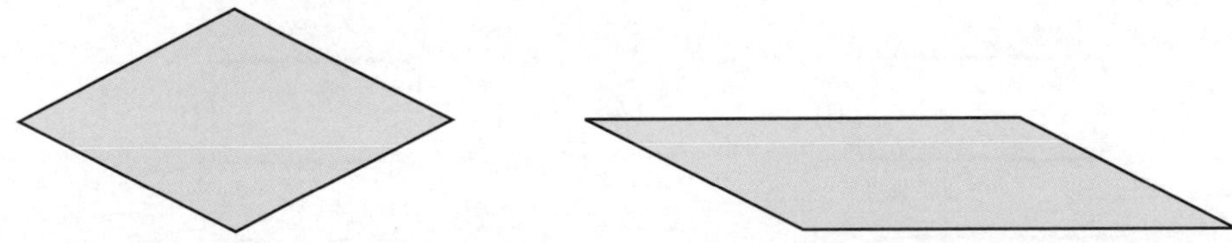

6 下の図のように，折り紙を４つに折りました。(20点/1つ10点)

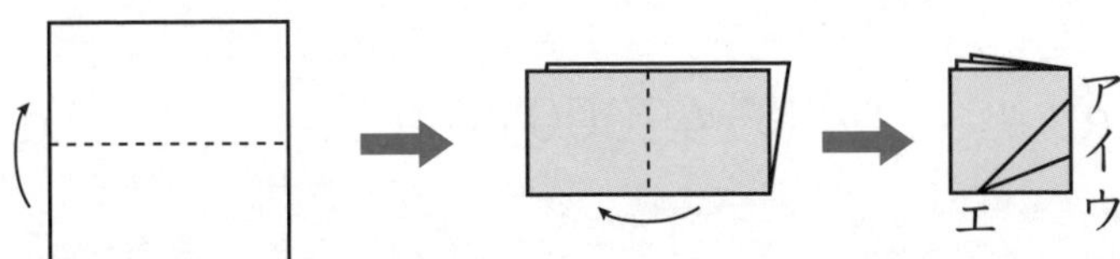

(1) イエで切って広げた図形はひし形になります。そのわけを答えなさい。

(　　　　　　　　　　　　　　　　　　　　　　　　　)

(2) アエで切って広げた図形の名前を書きなさい。ただし，アウの長さとウエの長さは同じです。

(　　　　　　　　　)

答え▶別さつ23ページ

18 四角形の面積（めんせき） ①

標準クラス

1 次のアとイの図形の面積（めんせき）は，どちらがどれだけ広いですか。

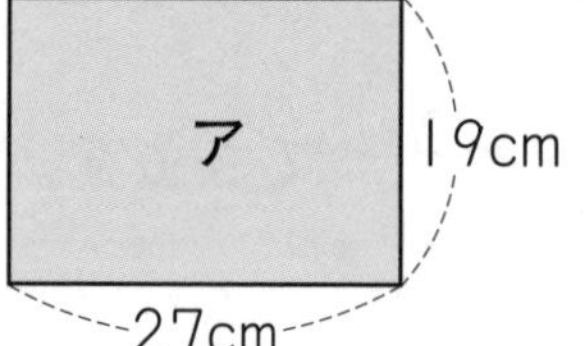

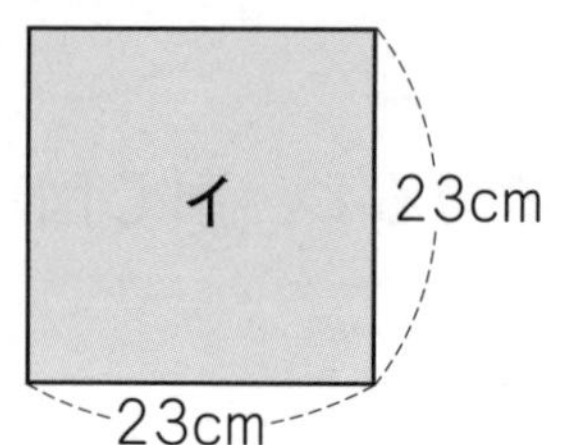

（　　　が　　　cm^2 広い）

2 次の□にあてはまる数を書きなさい。

(1) 15 cm^2＝□mm^2

(2) 12.5 m^2＝□cm^2

(3) 0.8 km^2＝□m^2

(4) 24 ha＝□a

(5) 18 ha＝□km^2

(6) 0.7 a＝□m^2

(7) 2.5 km^2＝□a

(8) 49000 m^2＝□ha

3 校庭に長方形の形をした 171 m^2 の花だんをつくります。横の長さを 18 m にすると，たての長さは何 m になりますか。

（　　　　　）

4 次の図形は，長方形と正方形を組み合わせたものです。色のついた部分の面積を求(もと)めなさい。

(1)

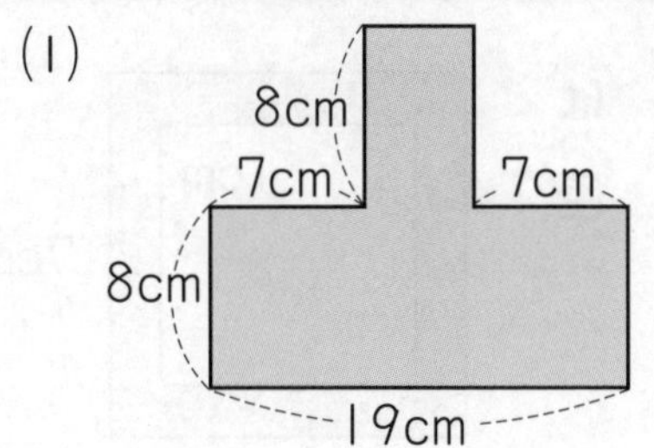

(　　　　　　)

(2)

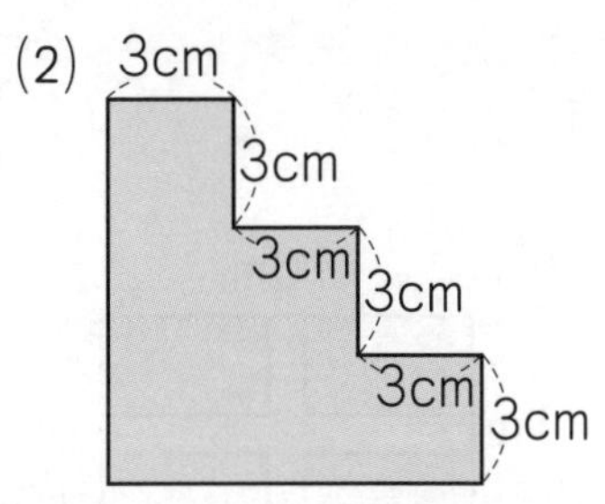

(　　　　　　)

(3)

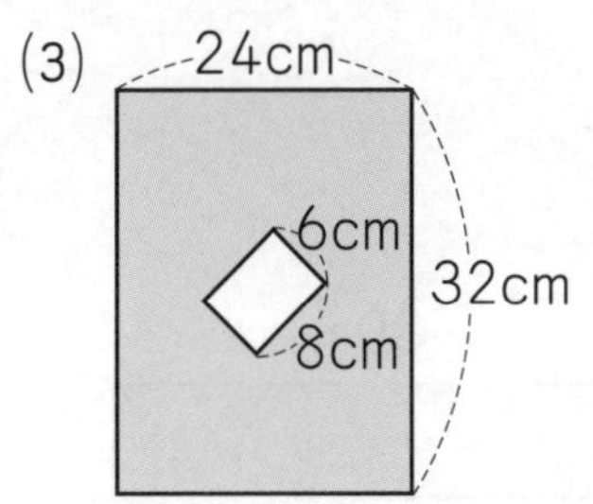

(　　　　　　)

5 1.1 m² のかべに 100 cm² のタイルをしきつめます。タイルは何まい用意すればいいですか。

(　　　　　　)

答え▶別さつ23ページ

18 四角形の面積(めんせき) ①

時 間	25分	とく点
合かく	80点	点

1 右の図のように，1辺(ぺん)7cmの正方形から，はば1cmを残(のこ)して，内側(うちがわ)を切り取りました。色のついた部分の面積(めんせき)を求(もと)めなさい。(10点)

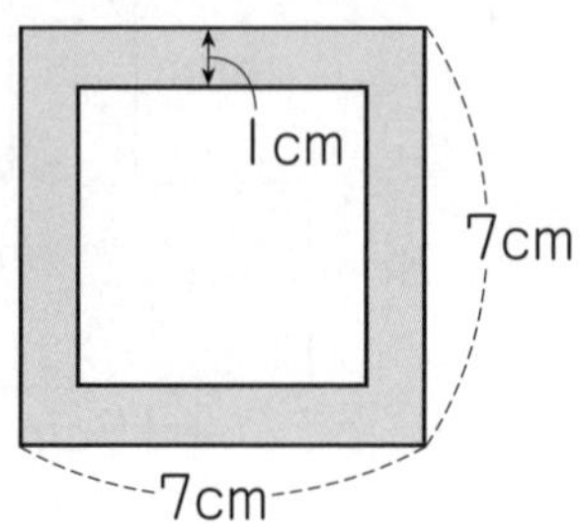

(　　　　　　)

2 右の図形の色のついた部分の面積の和を求めなさい。(10点)

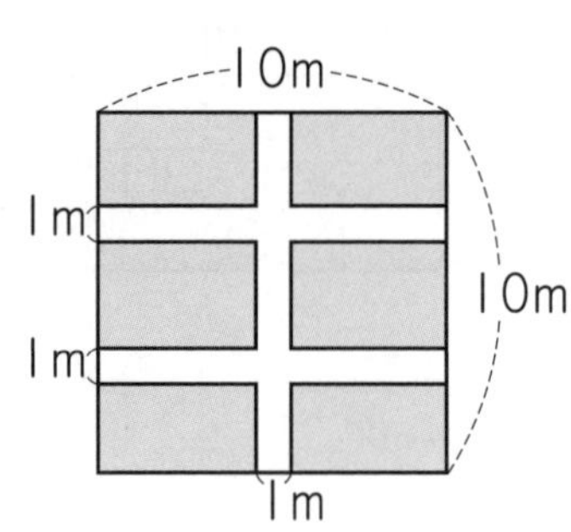

(　　　　　　)

3 たて50m，横80mの長方形の土地に，はば2mの道を，図のようにつくりました。色のついた部分の面積の和は何m^2ですか。(10点)　〔帝塚山学院中〕

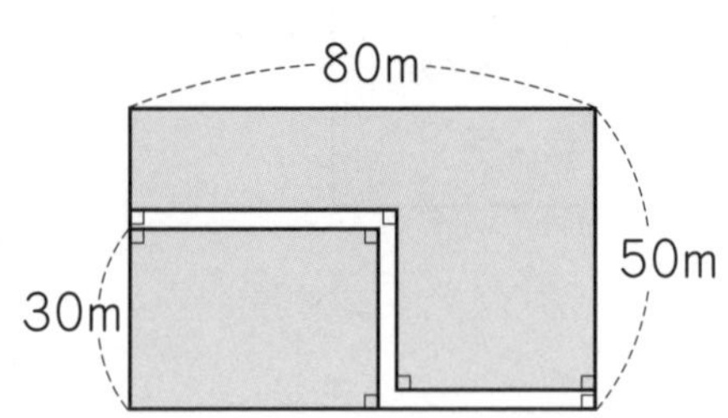

(　　　　　　)

4 次の□にあてはまる数を書きなさい。（30点/1つ6点）

(1) 0.15 m^2= □ cm^2　(2) 78 a×12= □ ha

(3) 3000000 cm^2+700 m^2+0.05 km^2= □ m^2

(4) (0.08 km×1600 cm)÷80= □ m^2

(5) 1480 m^2= □ ha

5 右の図のように，1辺6 cmの正方形を2まい重ねました。2まいが重なった部分は，1辺2 cmの正方形になりました。色のついた部分の面積の和を求めなさい。（10点）

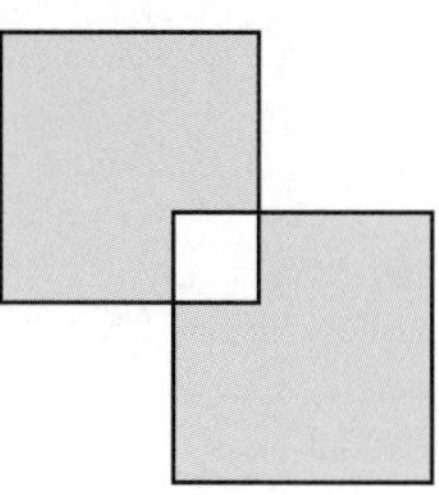

(　　　　)

6 面積が12 aの長方形の畑があります。横の長さは15 mです。たての長さを求めなさい。（10点）

(　　　　)

7 次の図の色のついた部分の面積を求めなさい。（20点/1つ10点）

(1)

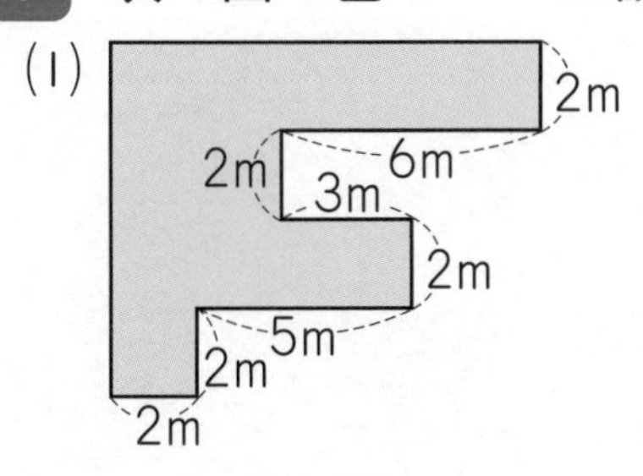

(2)

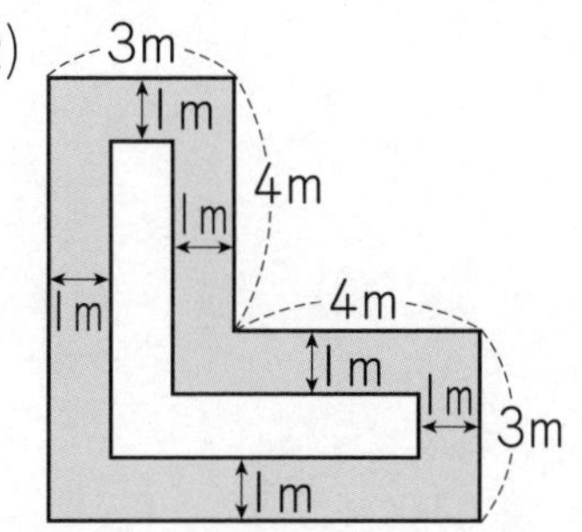

(　　　　)　(　　　　)

答え▶別さつ24ページ

19 四角形の面積 ②

標準クラス

1 次の図の色のついた部分の直角三角形の面積を求めなさい。

(1)

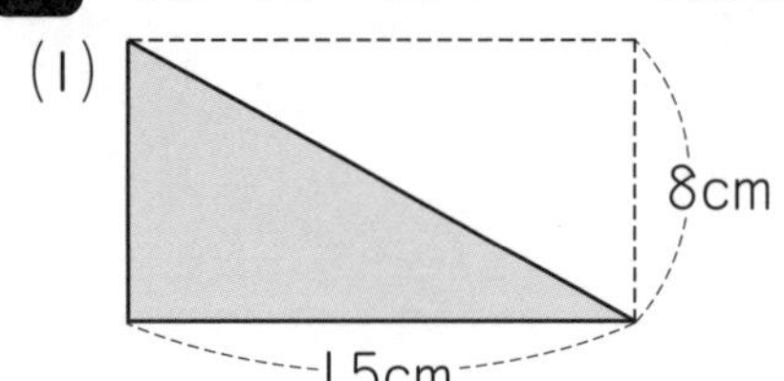

(2)

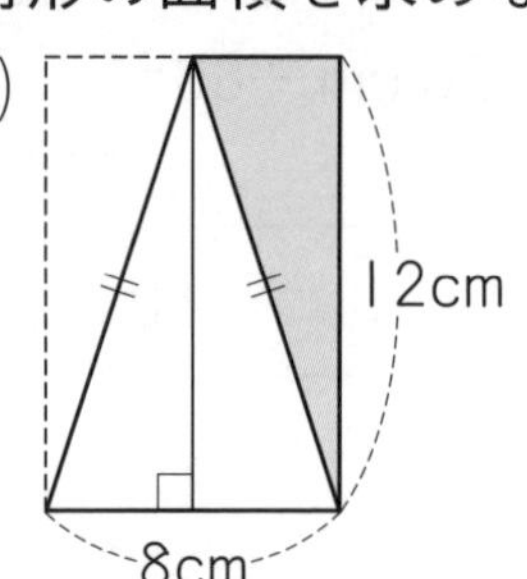

(　　　　　　　　)　　(　　　　　　　　)

(3)

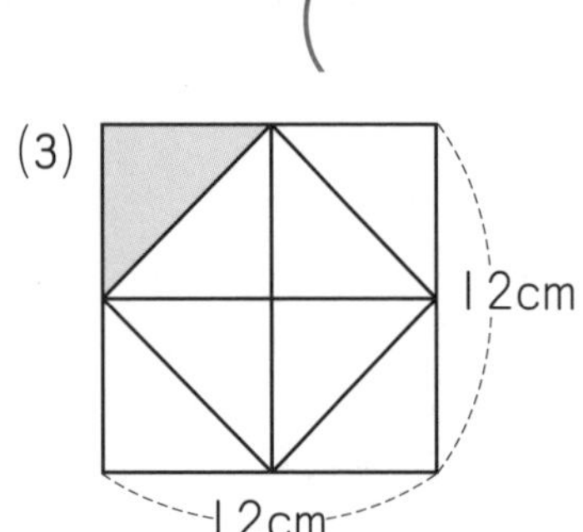

(4)

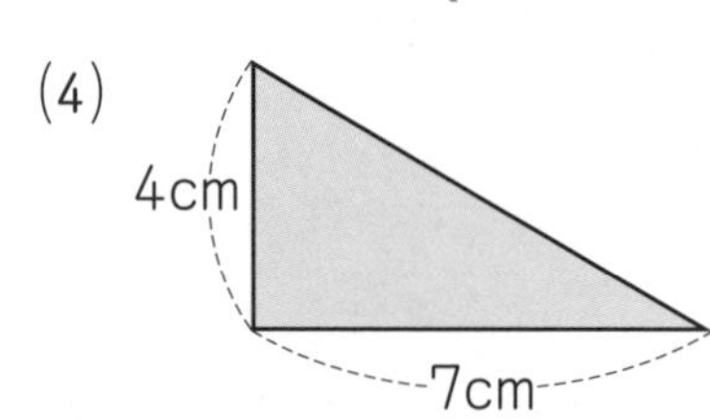

(　　　　　　　　)　　(　　　　　　　　)

2 次の図は，長方形をもとにしてかいた図形です。色のついた部分の面積を求めなさい。

(1)

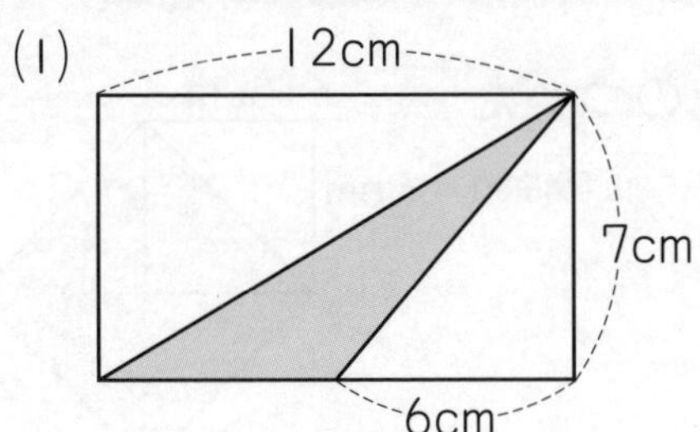

(　　　　　　　)

(2)

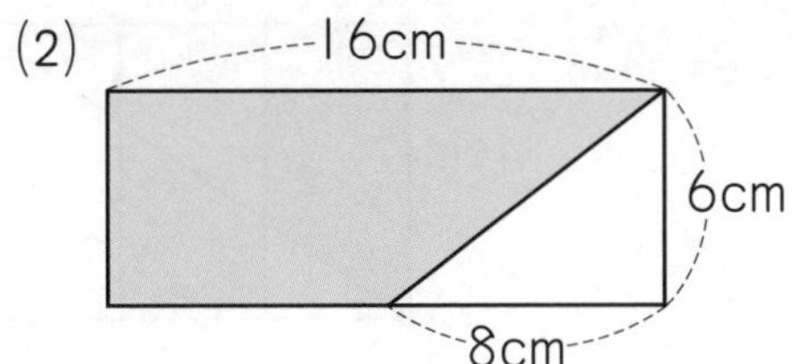

(　　　　　　　)

(3)

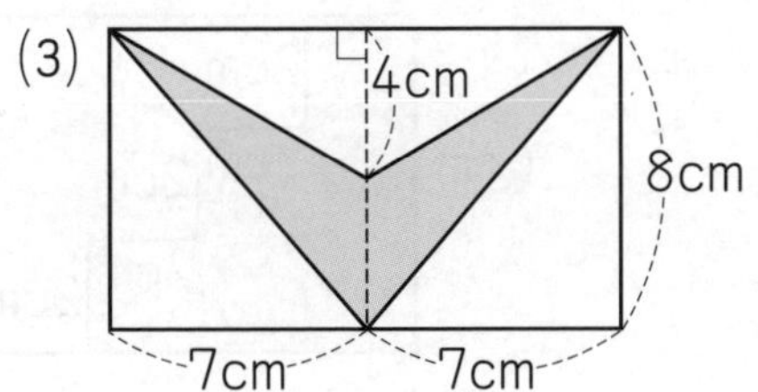

(　　　　　　　)

(4)

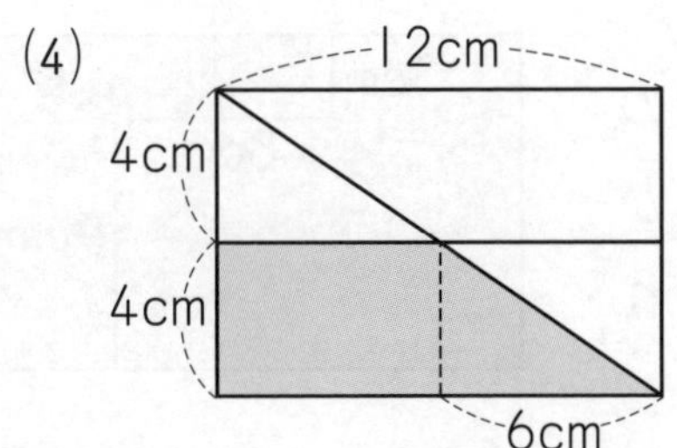

(　　　　　　　)

19 四角形の面積 ②

答え▶別さつ25ページ

時 間	25分	とく点
合かく	80点	点

1 右の図の四角形はすべて正方形です。色のついた部分の面積を求めなさい。(15点) 〔南山中男子部〕

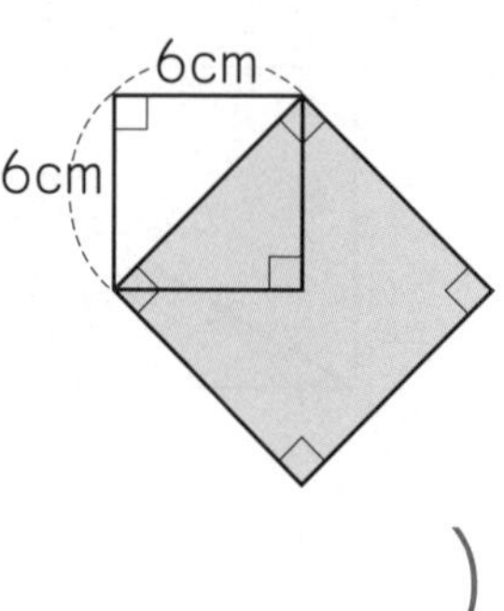

(　　　　　　)

2 色のついた部分の面積の和を求めなさい。(10点) 〔賢明女子学院中〕

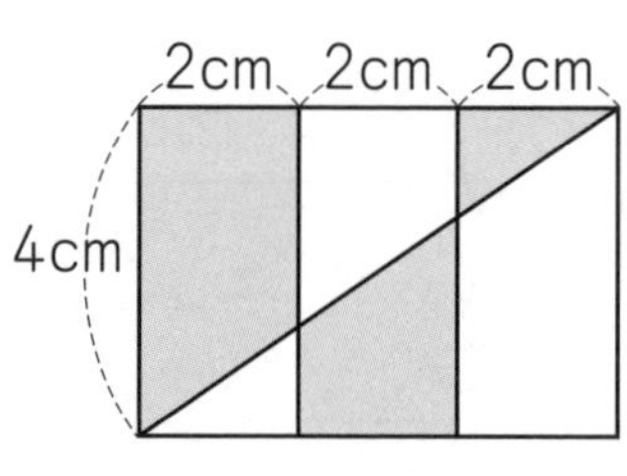

(　　　　　　)

3 色のついた部分の面積を求めなさい。(10点) 〔京都教育大附属桃山中〕

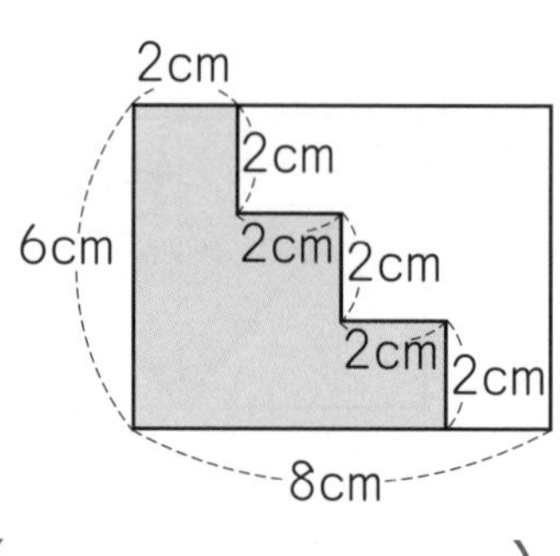

(　　　　　　)

4 長方形をAとBの２つの図形に分けました。AとBの面積を変えないで，図のイの点線のようにさかい目を一直線にします。イのさかい目の点線は，アから何cmのところにすればよいですか。(15点)

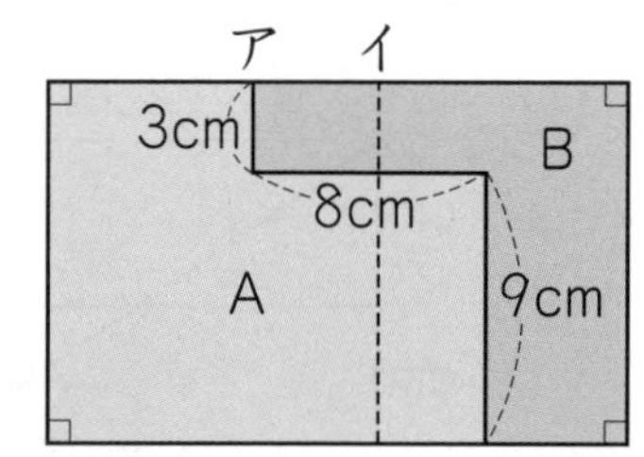

(　　　　　　)

5 みどりさんの学級では，右の図のような旗をつくり，「４年１組」の部分に色をぬりました。色をぬった部分は何 cm² になりますか。（10 点）

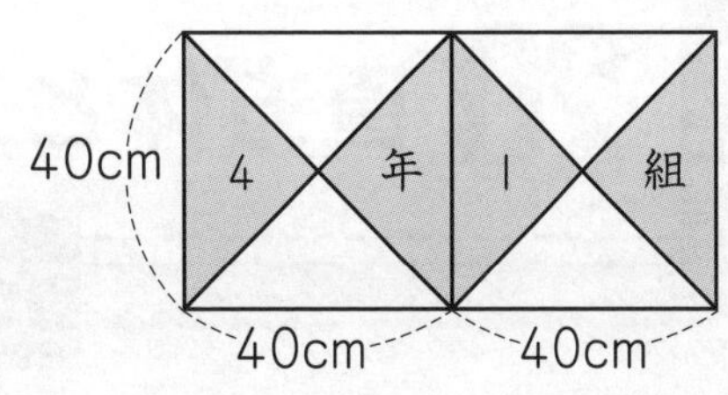

（　　　　　　）

6 １辺が８cm の正方形と１辺が４cm の正方形を，右の図のように重ねました。色のついた部分の面積を求めなさい。（15 点）

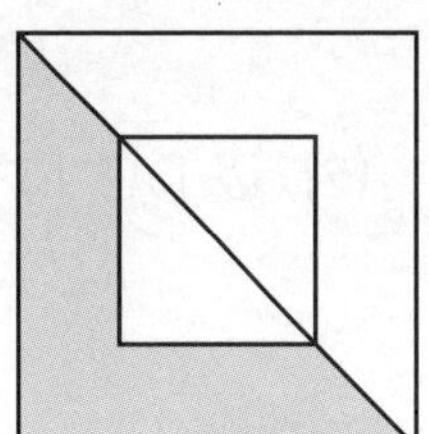

（　　　　　　）

7 右の図のように，正方形の中に同じ大きさの直角二等辺三角形で，もようをつくりました。色のついた部分の面積は合わせて 32 cm² です。㋐の長さを求めなさい。（10 点）

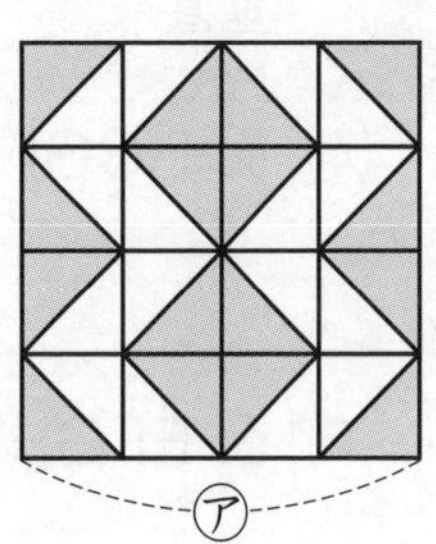

（　　　　　　）

8 １辺の長さが 12 cm の２つの正方形が，右の図のように重なっています。色をぬった部分の面積を求めなさい。（15 点）

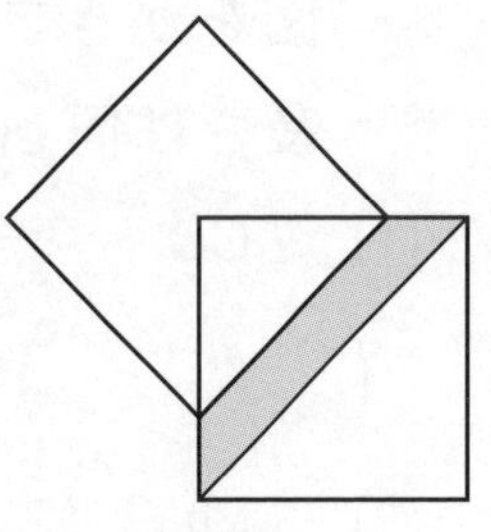

（　　　　　　）

答え▶別さつ25ページ

20 直方体と立方体

標準クラス

1 右の図は，直方体を表したものです。この直方体を見て，次の問いに答えなさい。

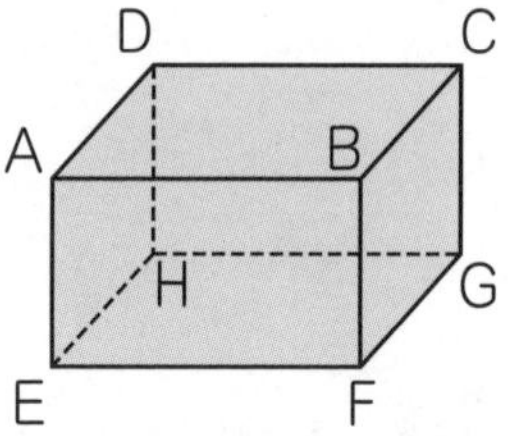

D C
A B
H G
E F

(1) 辺(へん)ABに平行な辺はどれですか。

(　　　　　　)

(2) 辺DCに垂直(すいちょく)な辺はどれですか。

(　　　　　　)

(3) 面ABFEに平行な面と，垂直な面を書きなさい。

平行(　　　　　　)

垂直(　　　　　　)

(4) 面BCGFに垂直な辺はどれですか。

(　　　　　　)

(5) 面EFGHに平行な辺はどれですか。

(　　　　　　)

2 (あ)の見取図をもとに，(い)のてん開図をかきました。次の辺や直線の長さは何cmですか。

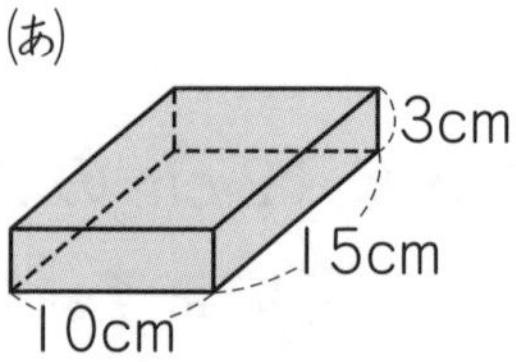

(あ)
3cm
15cm
10cm

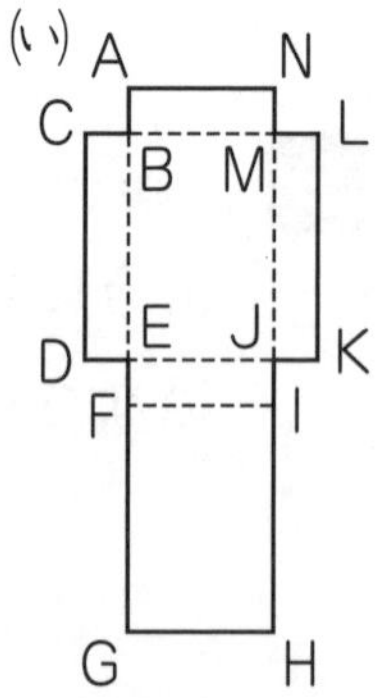

(い)
A N
C L
B M
E J
D K
F I
G H

(1) 辺CD (　　　)　(2) 辺GH (　　　)

(3) 辺ML (　　　)　(4) 直線AG (　　　)　(5) 直線DK (　　　)

3 次のア～クのうち，立方体のてん開図をすべて答えなさい。〔南山中女子部〕

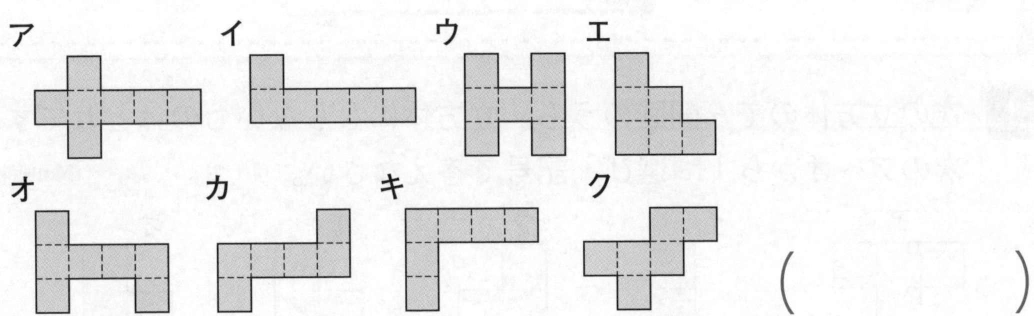

（　　　　　　）

4 右の図はさいころのてん開図です。さいころは，向かい合う面の数の合計が7になるようにつくられています。

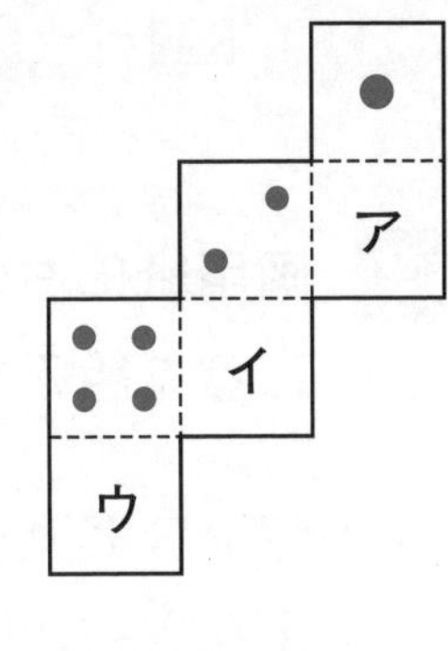

(1) ⚀の面に平行なのはどの面ですか。また，その面の数はいくつですか。

（　　　で　　　）

(2) ⚁の面に平行なのはどの面ですか。また，その面の数はいくつですか。

（　　　で　　　）

(3) ⚃の面に平行なのはどの面ですか。また，その面の数はいくつですか。

（　　　で　　　）

5 右の図は立方体のてん開図です。右のてん開図を組み立てて，立方体をつくります。〔三重大附中〕

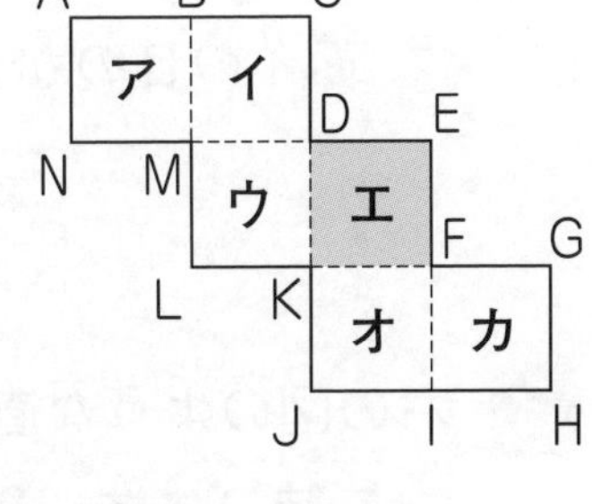

(1) **エ**の面と平行になる面を**ア**～**カ**の中から選(えら)び，その記号を答えなさい。

（　　　　　　）

(2) 点Ｉと重なる点をＡ～Ｎの中から選び，その記号を答えなさい。

（　　　　　　）

20 直方体と立方体

答え▶別さつ26ページ

時間 25分	とく点
合かく 80点	点

1 次の立方体のてん開図のうち，立方体にならないものはどれですか。次のア～オから１つ選び，記号で答えなさい。(10点) 〔岡山理科大附中〕

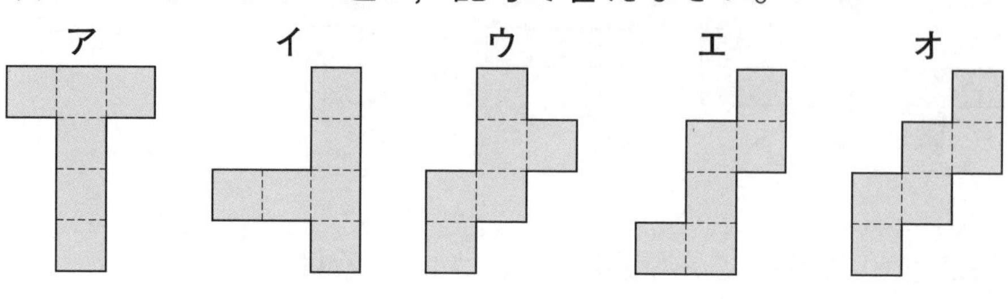

(　　　　)

2 画用紙に右の図１のようなてん開図をかいて，さいころを組み立てました。次の問いに答えなさい。〔同志社女子中〕

(図1)

H G K J I F L M D E N C A B

(1) 辺 AB と垂直になる面にかかれた目の数をすべて答えなさい。(7点)

(　　　　)

(2) 点Kと重なるちょう点の記号をすべて答えなさい。(7点)

(　　　　)

(3) 組み立てたさいころを図２のように置いたとき，次の問いに答えなさい。(10点/1つ5点)

(図2)

ア イ

① 面アの目の数を答えなさい。(　　　　)

② 面イの目のならび方を，●と○を使ってかきなさい。

3 右の図のような直方体の箱を，図のようにリボンで結びます。結び目には 20 cm 使います。リボンは何 cm いりますか。(8点)

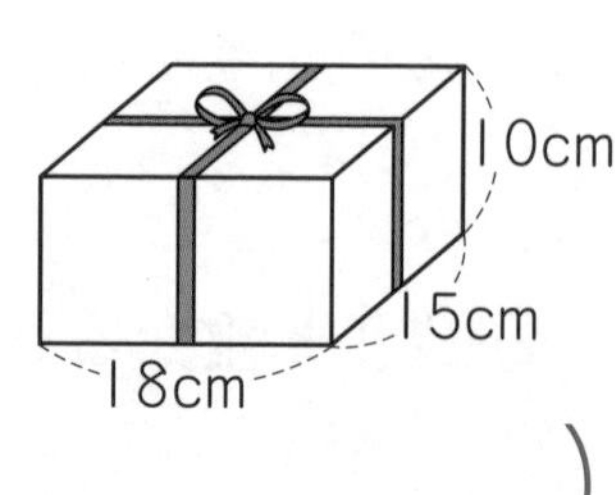

(　　　　)

4 右の図のような直方体を，ひごとねん土の玉でつくった後に，紙を１つの面に１まいずつはります。次の問いに答えなさい。(18点/1つ6点)

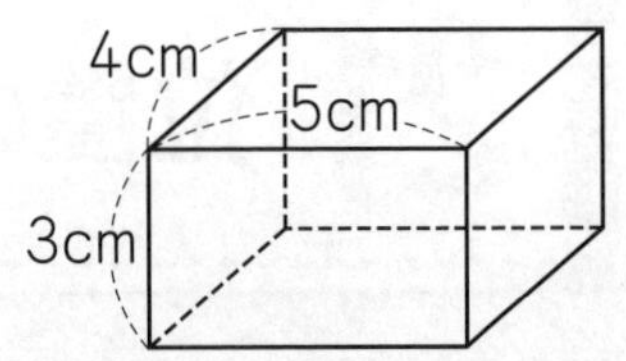

(1) ねん土の玉は何こいりますか。

(　　　　　)

(2) ひごは全部で何cmいりますか。

(　　　　　)

(3) はった紙の面積(めんせき)の合計は，何cm^2になりますか。

(　　　　　)

5 右の図は，立方体のてん開図です。このてん開図を組み立てたとき，できた立方体について，次の問いに答えなさい。(20点/1つ10点)　〔京都教育大附属桃山中〕

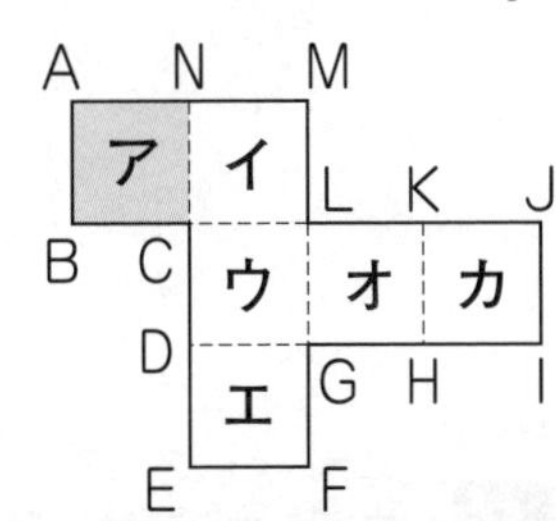

(1) **ア**の面に平行な面はどれですか。**イ**～**カ**から１つ選んで，記号で答えなさい。

(　　　　　)

(2) 辺ABに重なる辺はどの辺か答えなさい。

(　　　　　)

6 右の図１のような立体のさいころをつくろうと思います。このとき，次の問いに答えなさい。(20点/1つ10点)

〔筑波大附中〕

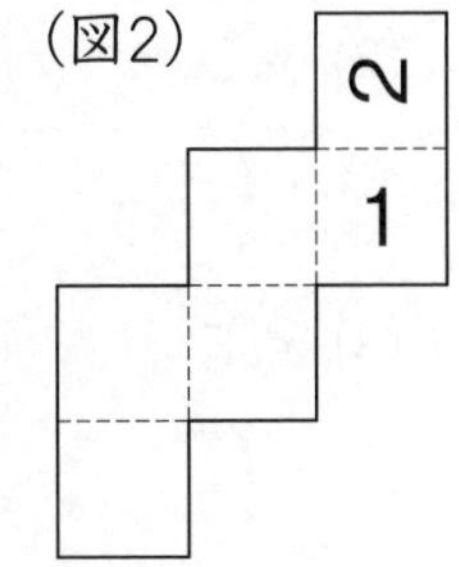

(1) 図２のてん開図を組み立てるとき，辺と辺の重なる部分はすべてはり合わせます。はり合わせる部分は何か所ありますか。

(　　　　　)

(2) 図１のさいころをつくるためには，数字の３を図２のてん開図のどの面に，どの向きでかけばよいですか。数字３をてん開図にかき入れなさい。

答え▶別さつ27ページ

21 位置(いち)の表し方

標準クラス

1 右の図で，点Aをもとにすると，点Bの位置(いち)は(横4，たて3)と表せます。次の点は，それぞれどのように表せますか。

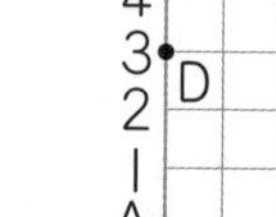
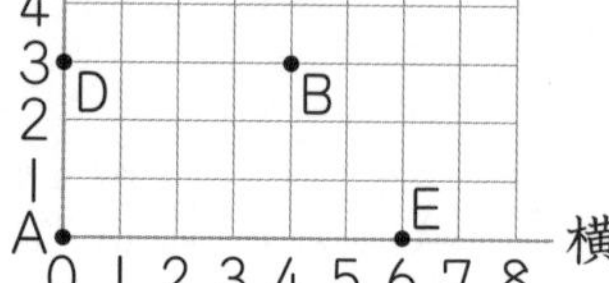

(1) 点C (　　　　　　　　)

(2) 点D (　　　　　　　　)

(3) 点E (　　　　　　　　)

2 右の直方体で，Gのちょう点の位置は，Aのちょう点をもとにすると，(横 10 cm，たて 8 cm，高さ 6 cm)と表すことができます。
Aのちょう点をもとにして，次のちょう点の位置を表しなさい。

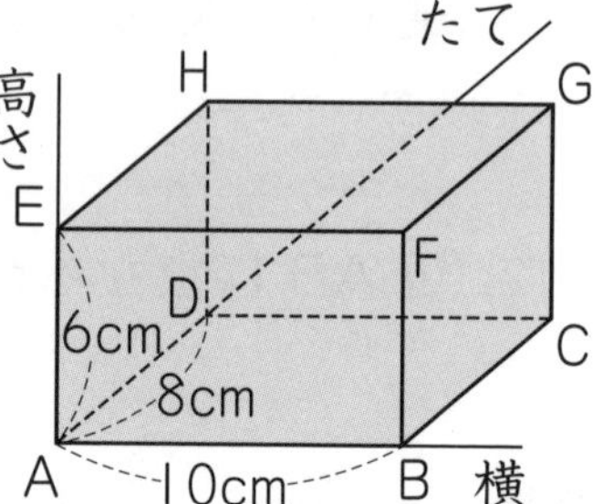

(1) 点B

(　　　　　　　　　　　　　　　　)

(2) 点D

(　　　　　　　　　　　　　　　　)

(3) 点F

(　　　　　　　　　　　　　　　　)

(4) 点H

(　　　　　　　　　　　　　　　　)

3 右のような地図があります。スタートからゴールまでの道順を，スタート（横 3，たて 0）のようにして，A からゴールまでを表しなさい。

スタート（横３，たて０）

→ A（　　　　　　）

→ B（　　　　　　）

→ C（　　　　　　）

→ D（　　　　　　）

→ ゴール（　　　　　　）

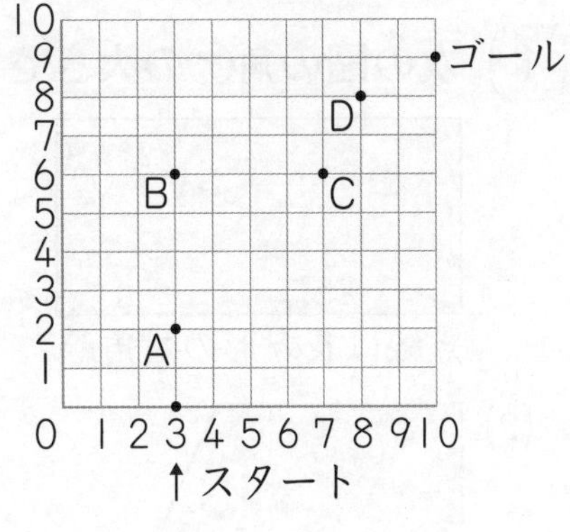

4 右の図のように，たてが 500 cm，横が 900 cm の花だんがあります。Aの位置は（250，100）のように（横，たて）で表します。（700，200）の点 B，（400，0）の点Cを右の図にかきなさい。

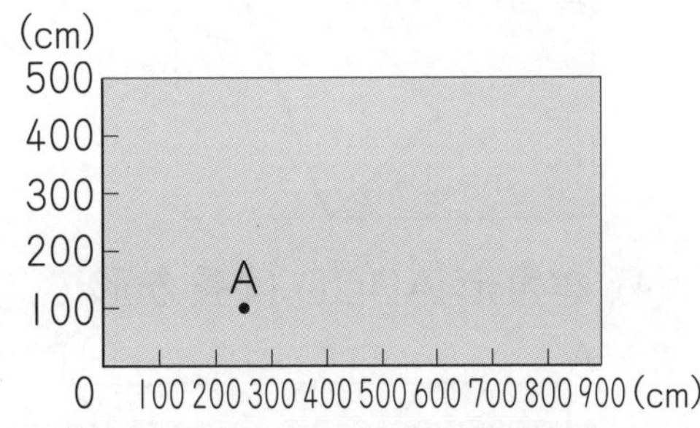

5 右の図のように，１辺が１cm の立方体が積んであります。点Aをもとにすると，点Bの位置は，（横，たて，高さ）で（１cm，０cm，５cm）のように表すことができます。

次のそれぞれの点の位置を，点Aをもとにして表しなさい。

(1) 点C（　　　　　　）

(2) 点D（　　　　　　）

(3) 点E（　　　　　　）

(4) 点F（　　　　　　）

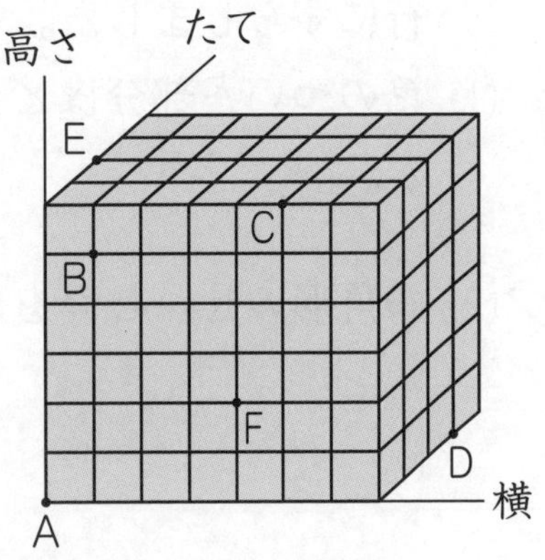

チャレンジテスト⑦

答え▶別さつ27ページ

時間 25分	とく点
合かく 80点	点

1 次の図の角㋐の大きさは何度ですか。(40点/1つ10点)

(1)

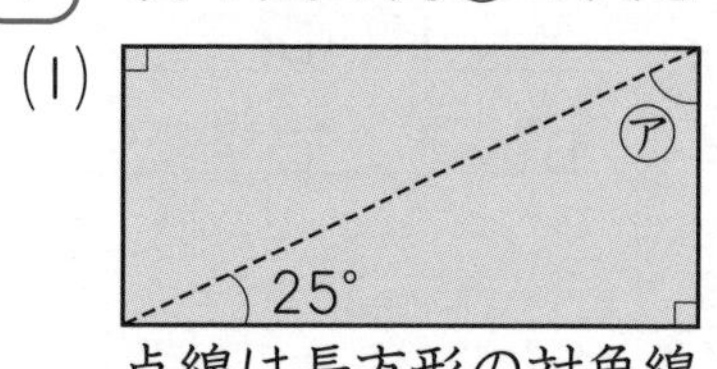

点線は長方形の対角線

(　　　　　)

(2)

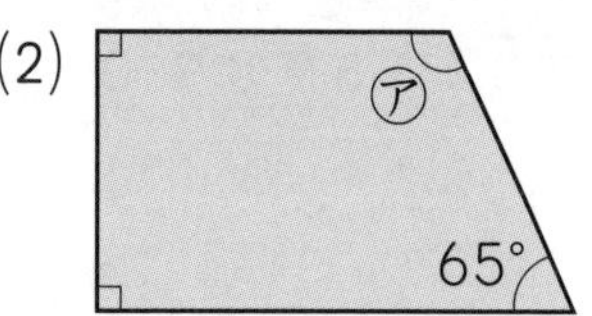

(　　　　　)

(3) 長方形の紙を折(お)って重ねる。

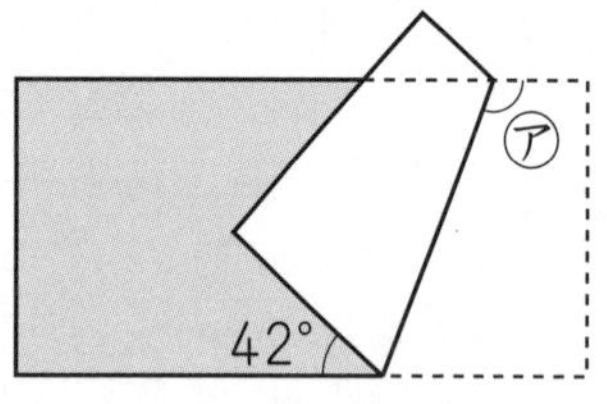

(　　　　　)

(4) 四角形 ABCD は長方形で，CD と CE の長さは等しい。

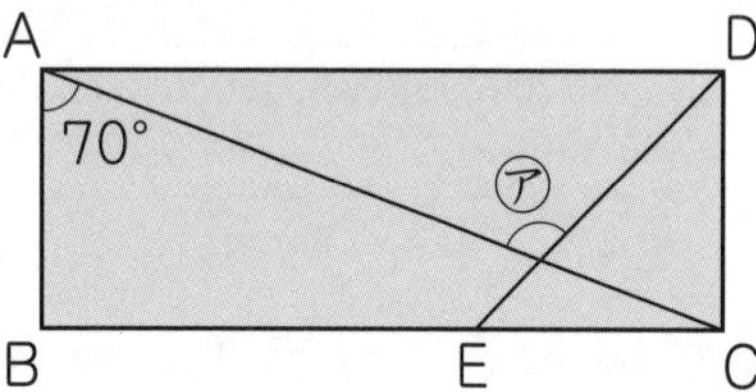

(　　　　　)

2 同じ大きさの三角じょうぎを２つ重ねて正方形をつくり，右の図のように平行にずらしました。(20点/1つ10点)

(1) 色のついた部分はどんな形になりますか。

(　　　　　)

(2) 四角形のせいしつを使って，そのわけを説明(せつめい)しなさい。

(　　　　　　　　　　　　　　　　　　　　)

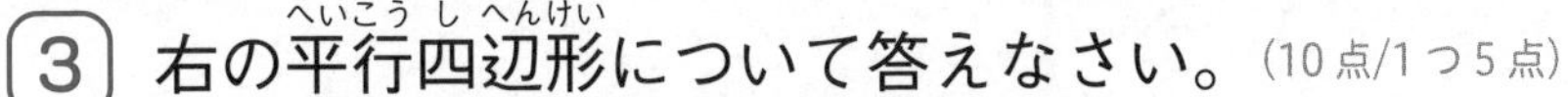

3 右の平行四辺形について答えなさい。(10点/1つ5点)

(1) Aから辺BCに垂直に直線AEをひきます。直線AEで2つに切ると，どんな形とどんな形ができますか。

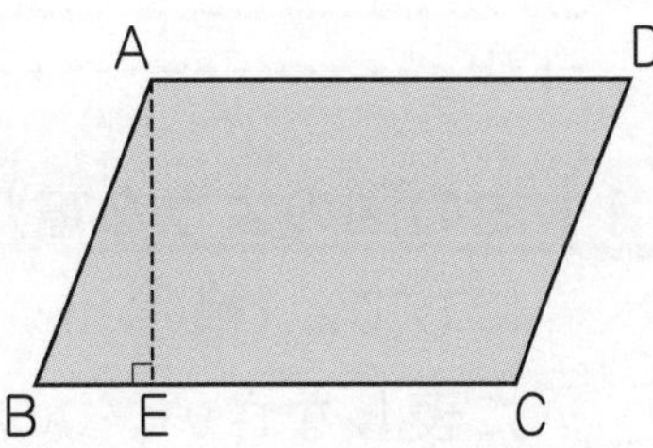

（　　　　と　　　　）

(2) できた2つの図形をならべかえると，ある図形ができます。その図形の名前を書きなさい。

（　　　　）

4 右の時計は12時40分をさしています。長いはりと短いはりでできた角のうち，大きいほうの角の大きさを求めなさい。(10点)

（　　　　）

5 ㋐の形を㋑の形に変えるためには，四角形のせいしつをどう変えればよいか，書きなさい。(20点/1つ10点)

(1) ㋐ 台形 ➡ ㋑ 平行四辺形

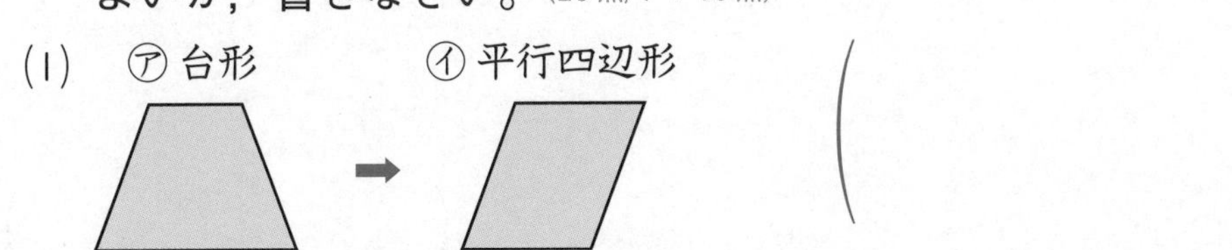

（　　　　）

(2) ㋐ 平行四辺形 ➡ ㋑ ひし形

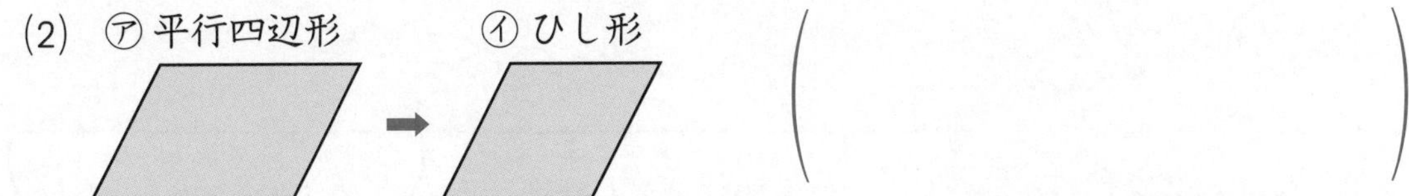

（　　　　）

チャレンジテスト⑧

答え▶別さつ28ページ

時間	25分	とく点
合かく	80点	点

1 右の図のような電灯や絵の位置を，点アをもとにして，(横○ m，たて○ m，高さ○ m)のように表しなさい。(20点/1つ10点)

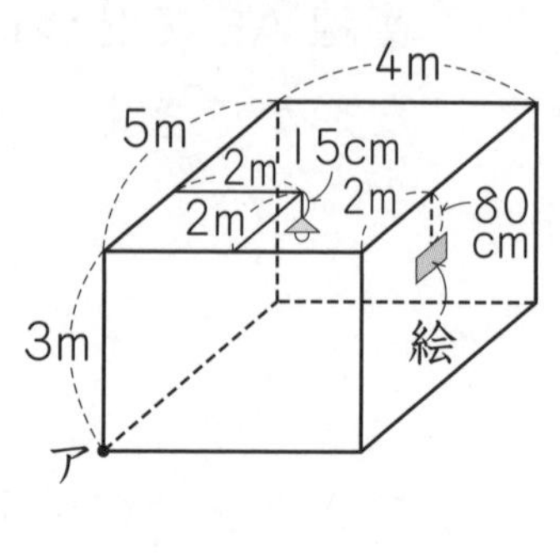

電灯 (　　　　)

絵 (　　　　)

2 右の四角形ABCDは正方形で，内側の4つの三角形はすべて同じ大きさの直角三角形です。正方形ABCDの面積は何cm²ですか。(10点)　〔神奈川学園中〕

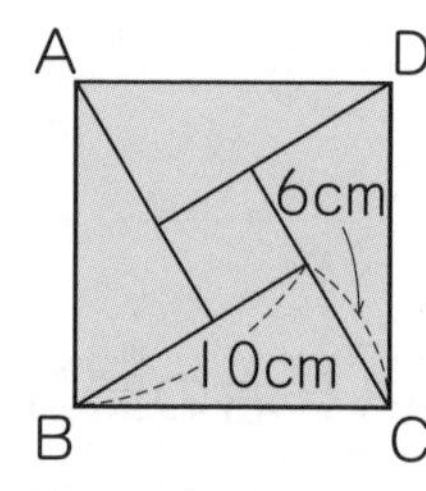

(　　　　)

3 右の図は，1辺の長さが16cmの正方形を3まい重ね合わせたものです。次の問いに答えなさい。ただし，重なり合っている正方形の辺どうしは垂直に交わっているものとします。

(20点/1つ10点)　〔国府台女子学院中〕

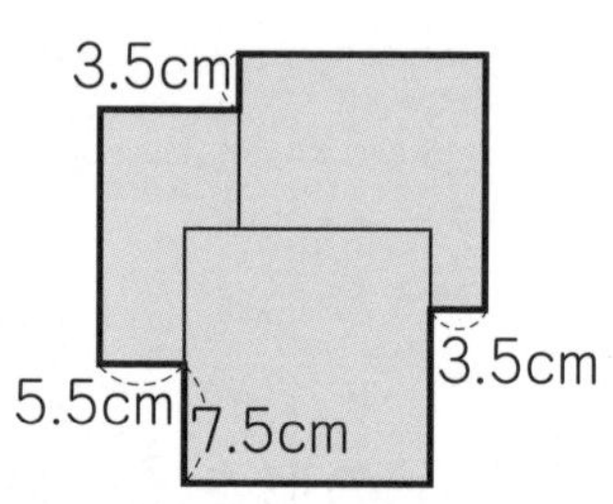

(1) この図形のまわりの長さ(図の太線で表された部分)は何cmですか。

(　　　　)

(2) 正方形が3まい重なり合っている部分の面積は何cm²ですか。

(　　　　)

4 さいころは，向かい合う面の目の数の和が７になっています。右の図のように４つのさいころをならべました。同じ目が必ず合うようにしています。次の問いに答えなさい。(20点/1つ10点)

〔大阪教育大附属平野中〕

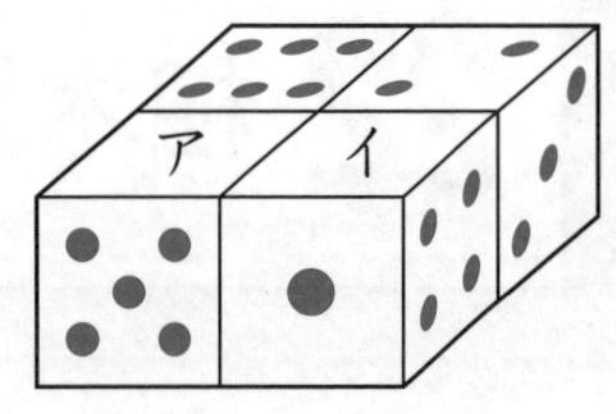

(1) アの目の数がイの目の数より小さいとき，アの目の数はいくつですか。

(　　　　　)

(2) 上から見ても，下から見ても，横から見ても，どの方向から見ても見えない面の目の数の和を求めなさい。

(　　　　　)

5 右の図は，立方体のてん開図です。これを組み立てたとき，図の太線の辺と垂直になる面をすべて選び，ア～カの記号で答えなさい。(10点)

〔東京学芸大附属竹早中〕

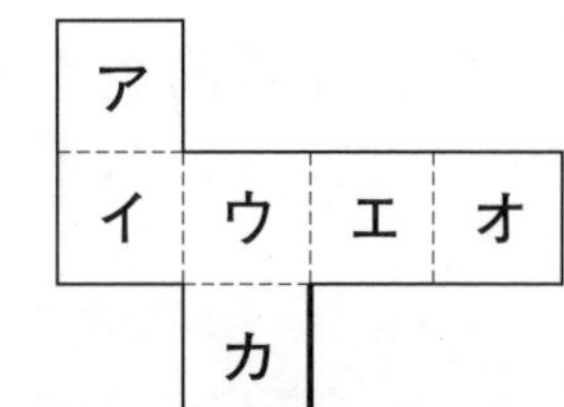

(　　　　　)

6 右の図のように，長方形の土地に同じはばの道をつくりました。次の問いに答えなさい。

(20点/1つ10点)〔北鎌倉女子学園中〕

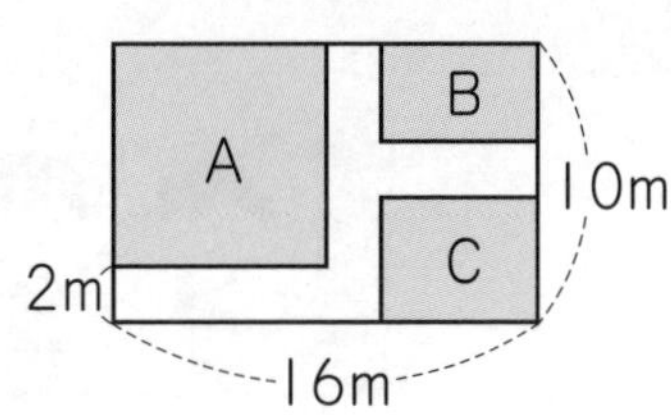

(1) 道をのぞいた土地の面積を求めなさい。

(　　　　　)

(2) Aの面積はBとCを合わせた面積の３倍でした。Aの部分の横の長さは何mですか。

(　　　　　)

答え▶別さつ28ページ

22 植木算(うえきざん)

標準クラス

1 図のように，道にそって何本かの木を，同じ間かくで植えます。

(1) 5 m の間かくで 8 本の木を植えると，両はしの木の間は何 m はなれていますか。

（　　　　　）

(2) 6 m の間かくで何本かの木を植えたところ，両はしの木の間は 84 m はなれていました。何本の木を植えましたか。

（　　　　　）

2 図のように，2 本の旗(はた)と旗の間に，何人かの人が立っています。人と人の間の間かくも，人と旗の間の間かくもすべて同じです。

(1) 10 人の人が 2 m 間かくで立っているとすると，旗と旗の間は何 m はなれていますか。

（　　　　　）

(2) 旗と旗の間が 36 m はなれていて，9 人の人が立っているとき，人と人の間かくは何 m ですか。

（　　　　　）

3 公園のまわりを１周(しゅう)する道には，12 m ごとに，全部で 60 本の電灯(でんとう)が立っています。公園のまわりの道は，１周何 m ありますか。

（　　　　）

4 １本の長さが 20 cm のテープを，図のように，のりしろを 2 cm にしてつなぎ，長いテープを作ります。

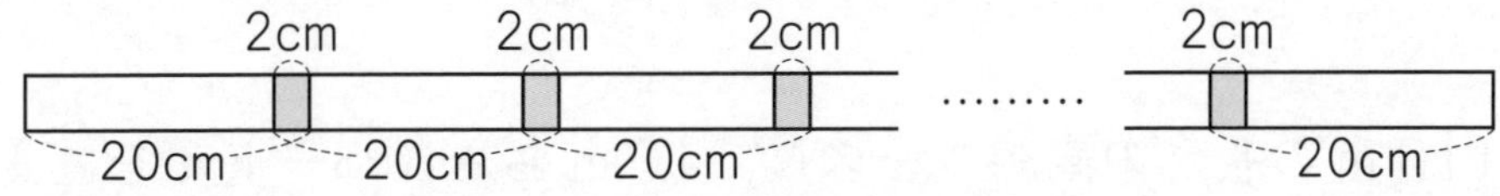

(1) テープを８本つなぐと，何 cm の長さになりますか。

（　　　　）

(2) 何本かのテープをつなぐと，長さが 2 m 90 cm になりました。何本のテープをつなぎましたか。

（　　　　）

5 図のような長方形 ABCD の土地があります。AB の長さは 36 m，BC の長さは 48 m です。この土地のまわりに，等しい間かくでくいを立てます。４つのかどには必(かなら)ずくいを立てることにします。

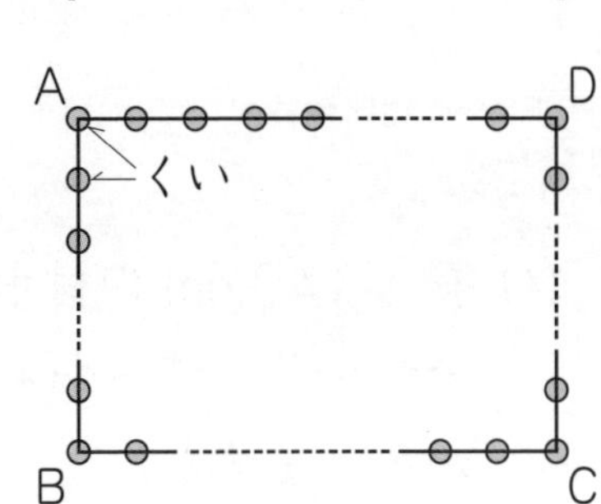

(1) ３ m 間かくでくいを立てると，くいは全部で何本必要(ひつよう)ですか。

（　　　　）

(2) 全部で 42 本のくいを立てるとき，くいとくいの間かくは何 m になりますか。

（　　　　）

答え▶別さつ29ページ

22 植木算(うえきざん)　ハイクラス

時間	25分	とく点
合かく	80点	点

1 次の問いに答えなさい。(50点/1つ10点)

(1) 木から木まで 198 m あります。この木の間に 10 本の旗(はた)を等間かくに立てるには間かくを何 m にすればよいですか。 〔聖ゼシリア女子中〕

(　　　　)

(2) 110 m の長さの直線コースに，10 m おきにハードルを置(お)きました。スタートとゴールには置かなかったとすると，ハードルは何台置きましたか。 〔昭和女子大附属昭和中〕

(　　　　)

(3) 横 20 m の長方形の形をした土地の周囲(しゅうい)に木を植えます。木の間かくは 2 m で，4 つの角には必(かなら)ず木を植えます。このとき，必要(ひつよう)な木の本数は 50 本でした。土地のたての長さは何 m ですか。 〔国府台女子学院中〕

(　　　　)

(4) 長さ 140 cm の材木(ざいもく)を 28 cm ずつに切り分けます。1 回切るのに 16 分かかり，切ったあとは 8 分休みます。すべて切り終わるまでに何分かかりますか。 〔浦和実業学園中〕

(　　　　)

(5) 1 本の長さが 12 cm の紙テープがたくさんあります。これらを，のりしろの長さをどれも同じにしてつなぎます。紙テープを 31 まいつなぐと全体の長さは 327 cm になりました。1 つののりしろの長さは何 cm ですか。 〔清教学園中〕

(　　　　)

2 たて２cm，横５cmの長方形の紙を，下の図のようにに重ねてはり合わせていきます。はり合わせるはばは１cmです。〔大阪教育大附属平野中〕
（30点/1つ10点）

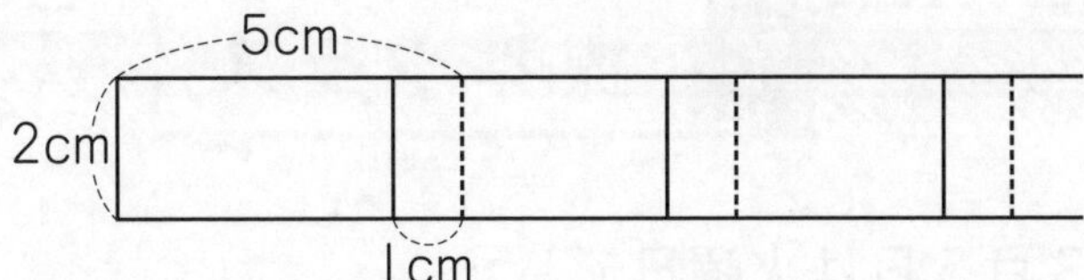

(1) ５まいの紙をはり合わせたとき，紙が重なっているすべての部分の面積を求めなさい。

（　　　　）

(2) ５まいの紙をはり合わせたときにできる長方形全体のまわりの長さを求めなさい。

（　　　　）

(3) ７まいの紙をはり合わせたときにできる長方形全体の面積を求めなさい。

（　　　　）

3 37mの道路のはしからはしまで木を植えました。木と木の間かくは，１本目と２本目が２m，２本目と３本目が３m，３本目と４本目が２m，４本目と５本目が３m，……というように，２mと３mを交互にくり返していきます。木は何本植えられましたか。（10点）〔桜美林中〕

（　　　　）

4 図１のような鉄の輪を，図２のように24こつなぎます。はしからはしまでの長さは何cmになりますか。ただし，つなぎ目にすきまはないものとします。（10点）

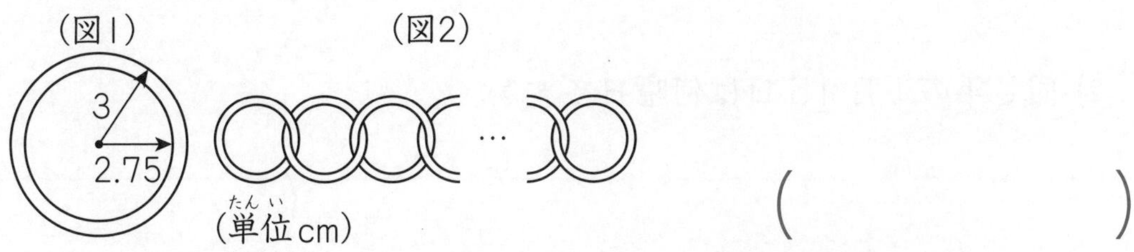

（　　　　）

答え▶別さつ30ページ

23 日暦算（にちれきざん）

標準クラス

1 ある年の3月5日は火曜日でした。

(1) 同じ年の4月15日は，3月5日の何日後ですか。

（　　　　　）

(2) 同じ年の4月15日は，何曜日ですか。

（　　　　　）

(3) 同じ年の8月15日は，何曜日ですか。

（　　　　　）

2 今日は1月18日水曜日です。今年はうるう年ではありません。

(1) 今日から100日後は，何月何日何曜日ですか。

（　　　　　）

(2) 来年の1月18日は何曜日ですか。

（　　　　　）

3 ある年の5月5日は土曜日でした。この年はうるう年ではありません。

(1) 同じ年の1月15日は，5月5日の何日前ですか。

（　　　　　）

(2) 同じ年の1月15日は何曜日ですか。

（　　　　　）

4 次の□にあてはまる数または曜日を求(もと)めなさい。

(1) ある年の1月1日が金曜日であるとき，その年の1月1日から3月31日までの間に金曜日は□回あります。〔大阪学芸中〕

(　　　　　)

(2) うるう年の1月1日は□曜日なので，8月8日は月曜日です。〔近畿大和歌山中〕

(　　　　　)

5 平成(へいせい)31年（2019年）4月30日に平成は終わり，よく日から新しい年号が始まりました。平成元年は西暦(せいれき)1989年1月8日から始まりました。平年の2月は28日までですが，うるう年の2月は29日まであり，1年の日数は366日となります。うるう年は次のようなルールでもうけられています。〔奈良学園中ー改〕

> 西暦年が4でわり切れる年はうるう年とする。ただし，西暦年が100でわり切れる場合はうるう年ではなく平年とするが，西暦年が400でわり切れる年は特別(とくべつ)にうるう年とする。

(1) 平成元年から平成31年までの間にうるう年は何回ありますか。

(　　　　　)

(2) 平成31年1月8日から，平成31年4月30日までは何日ありますか。ただし，1月と3月は31日あります。

(　　　　　)

(3) 平成元年1月8日から，平成31年1月7日までは何日ありますか。

(　　　　　)

(4) 平成元年1月8日から，平成31年4月30日までは何日ありますか。

(　　　　　)

23 日暦算（にちれきざん）

ハイクラス

答え▶別さつ30ページ

時 間 25分	とく点
合かく 80点	点

1 次の□にあてはまる数または曜日を求めなさい。（30点/1つ6点）

(1) ある年の10月12日は金曜日です。次の年の1月の最初の日曜日は，1月□日です。〔専修大松戸中〕

（　　　　）

(2) ある年の3月3日は土曜日でした。この年の6月1日は［①］曜日です。また，この年の6月最後の日曜日は6月［②］日です。〔千葉日本大第一中〕

①（　　　　）②（　　　　）

(3) 2018年1月14日は日曜日です。この年はあと□回，日曜日があります。〔和歌山信愛中〕

（　　　　）

(4) ある月のカレンダーの水曜日は5回あり，それぞれの日の数字をすべてたすと80になります。その月の最初の水曜日は□日です。〔大阪学芸中〕

（　　　　）

2 ある年の1月1日は月曜日です。この年はうるう年ではありません。（24点/1つ8点）

(1) この年のちょうど真ん中の日は，何月何日ですか。

（　　　　）

(2) (1)の日は何曜日ですか。

（　　　　）

(3) この年の15回目の日曜日は，何月何日ですか。

（　　　　）

3 毎週月曜日に放送されるドラマがあります。第 24 回の放送が 1 月 15 日のとき，第 1 回の放送は何月何日ですか。（10 点） 〔京都女子中〕

(　　　　　　　)

4 西暦X年のカレンダーについて調べました。以下，○/△で○月△日を表すものとします。 〔東大寺学園中〕

(1) 西暦X年の 2/1 と 8/1 の曜日が同じでした。このとき，西暦X年の 2/1，3/1，4/1，5/1，6/1，7/1，8/1，9/1，10/1，11/1，12/1 の 11 日の中で，西暦X年の 1/1 と曜日が同じ日付を○/△の形ですべて答えなさい。（8 点）

(　　　　　　　　　　　　)

(2) 西暦X年6月のすべての水曜日の日にちの合計は 65 以下でした。このとき，西暦X年の 6/1 の曜日として考えられるものをすべて答えなさい。（8 点）

(　　　　　　　　　　　　)

(3) (1)，(2)のとき，さらに西暦X年 10 月のすべての月曜日の日にちの合計は 70 以上でした。（20 点/1 つ 10 点）

① 西暦X年の 1/1 は何曜日ですか。

(　　　　　　　)

② 西暦X年のよく年の，1/1，2/1，3/1，4/1，5/1，6/1，7/1，8/1，9/1，10/1，11/1，12/1 の 12 日の曜日の中でもっとも多くあるのは何曜日ですか。

(　　　　　　　)

答え▶別さつ32ページ

24 周期算

1 3÷7 を計算すると，0.428571428571……となって，どこまでいってもわり切れませんでした。

(1) 小数第 50 位の数字は何ですか。

(　　　　　　)

(2) 小数第 50 位までに出てくる数字をすべてたすといくらになりますか。

(　　　　　　)

2 1，2，3，2，1，1，2，3，2，1，1，2，3，2，1，……のように，あるきまりにしたがって数がならんでいます。

(1) はじめから 74 番目の数は何ですか。

(　　　　　　)

(2) はじめから 74 番目までに，1 は何こ出てきますか。

(　　　　　　)

3 ○○○○●●●○○○○●●●○○○○●●●○○……のように，あるきまりにしたがって白いご石と黒いご石をならべていきます。

(1) ご石を 100 こならべたとき，100 番目のご石は白，黒のどちらですか。

(　　　　　　)

(2) ご石を 100 こならべたとき，その 100 このご石の中に白いご石は全部で何こありますか。

(　　　　　　)

4 右のように，はじめ，5けたの数 12345 があり，1回のそうさごとに，1を3に，2を4に，3を5に，4を2に，5を1に変（か）えて，新しい数を作っていきます。

(はじめ) 12345
↓
(1回目) 34521
↓
(2回目) 52143
↓
(3回目) 14325

(1) 6回目にできる数を求（もと）めなさい。

(　　　　　)

(2) 100回目にできる数を求めなさい。

(　　　　　)

5 1，2，3，2，3，4，3，4，5，4，5，6，5，6，7，……のように，あるきまりにしたがって数がならんでいます。

(1) はじめから50番目の数は何ですか。

(　　　　　)

(2) はじめから50番目までの数をすべてたすといくらになりますか。

(　　　　　)

6 3を3こかけ合わせると $3\times3\times3=27$ となり，一の位（くらい）の数字は7です。

(1) 3を5こかけ合わせると，一の位の数字は何になりますか。

(　　　　　)

(2) 3を33こかけ合わせると，一の位の数字は何になりますか。

(　　　　　)

答え▶別さつ32ページ

24 周期算（しゅうきざん） ハイクラス

時間 25分	とく点
合かく 80点	点

1 次の□にあてはまる数を求め（もと）なさい。（16点/1つ8点）

(1) ご石が次のようにきそく的にならんでいます。

○●●●○●○●●●○●○●●●○●○●●●○●○●●●○●……

このとき，2019番目までに○は□こあります。〔芝浦工業大柏中〕

（　　　　）

(2) 8を31こかけ合わせてできる数の一の位（くらい）の数字は□です。〔成蹊中〕

（　　　　）

2 次のように，カードを左から順（じゅん）にあるきそくでならべていきます。

（24点/1つ8点）

[2][0][1][9][0][4][2][0][1][9][0][4][2][0][1][9][0][4][2][0]…

〔近畿大附中－改〕

(1) 左から100まい目までのカードの数字の和はいくらですか。

（　　　　）

(2) ならべたカードの数字の和を2019にするには，カードを何まいならべればよいですか。

（　　　　）

(3) 左から100回目に出てくる[0]のカードは，左から何まい目のカードですか。

（　　　　）

3 次のように，あるきそくにしたがって整数がならんでいます。

（20点/1つ10点）

1, 2, 1, 3, 2, 1, 4, 3, 2, 1, 5, 4, 3, 2, 1, 6, 5, 4, 3, 2, 1, ……

〔京都学園中〕

(1) 10がはじめてあらわれるのは最初(さいしょ)から何番目ですか。

（　　　　　）

(2) 20回目の1があらわれるのは最初から何番目ですか。

（　　　　　）

4 次のように，あるきまりにしたがって数字をならべました。

（20点/1つ10点）

1, 2, 2, 3, 3, 3, 4, 4, 4, 4, 5, 5, 5, 5, 5, ……

〔奈良学園登美ヶ丘中〕

(1) 30番目の数字は何ですか。

（　　　　　）

(2) 1番目から30番目までの30この数字をすべてたすといくらになりますか。

（　　　　　）

5 次のように，整数をあるきそくでならべていきます。（20点/1つ10点）

2, 2, 3, 4, 4, 5, 6, 6, 7, 8, 8, 9, ……

〔関西学院中〕

(1) 24番目の数を求めなさい。

（　　　　　）

(2) 100番目までの数の和を求めなさい。

（　　　　　）

答え▶別さつ33ページ

25 集合算（しゅうごうざん）

標準クラス

1 4年生 80 人に，男のきょうだいや女のきょうだいがいるかどうかを調べたところ，男のきょうだいのいる人が 48 人，女のきょうだいのいる人が 45 人，どちらもいる人が 19 人いました。これを，右の表にまとめました。

		男のきょうだい		計
		いる	いない	
女のきょうだい	いる	19	㋐	45
	いない	㋑	㋒	㋓
計		48	㋔	80

(1) 表の㋐～㋔に入る数を求（もと）めなさい。

㋐（　　）㋑（　　）㋒（　　）㋓（　　）㋔（　　）

(2) 男のきょうだいも女のきょうだいもいない人は何人ですか。

（　　　　）

2 40 人のクラスで算数のテストがありました。問題は２つあって，１問目ができた人は 32 人，２問目ができた人は 16 人で，両方ともできた人は 12 人いました。これを，右のような図にまとめました。

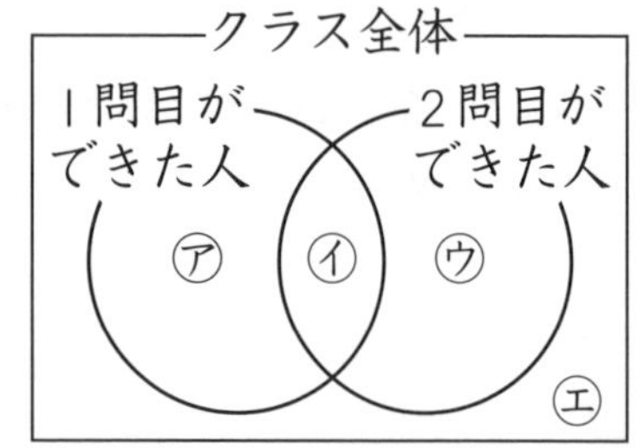

(1) 表の㋐～㋓に入る数を求めなさい。

㋐（　　）㋑（　　）㋒（　　）㋓（　　）

(2) ２問ともできなかった人は何人ですか。

（　　　　）

(3) １問目だけできた人は何人ですか。

（　　　　）

3 37人のクラスで，体育の時間に，さか上がりのできる人が24人，足かけ上がりのできる人が18人います。これを，次のような図に表しました。

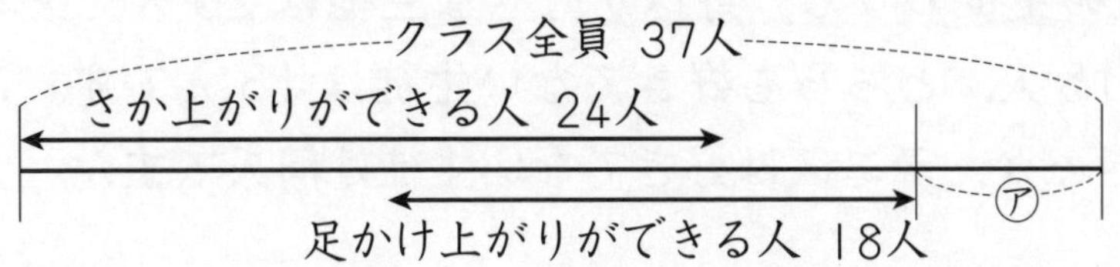

(1) ㋐はどのような人の数を表していますか。言葉で書きなさい。

(　　　　　　　　　　　　　　　　　　　　　　　　　　　　)

(2) さか上がりと足かけ上がりの両方ともできる人は，いちばん多くて何人いますか。

(　　　　　　　)

(3) さか上がりと足かけ上がりの両方ともできる人は，いちばん少なくて何人いますか。

(　　　　　　　)

4 4年生100人のうち，新かん線に乗ったことのある人が72人，飛(ひ)行機(こうき)に乗ったことのある人が34人，新かん線にも飛行機にも乗ったことのない人が13人います。新かん線にも飛行機にも乗ったことのある人は何人いますか。

(　　　　　　　)

5 60人のうち，犬をかっている人が21人，ねこをかっている人が30人，犬はかっているがねこはかっていない人が18人います。犬もねこもかっていない人は何人いますか。

(　　　　　　　)

答え▶別さつ34ページ

25 集合算 ハイクラス

時間 25分	とく点
合かく 80点	点

1 40人の生徒のうち，野球が好きな生徒は20人，テニスが好きな生徒は15人，どちらも好きでない生徒は15人です。このとき，野球は好きだが，テニスは好きでない生徒は何人ですか。（10点）〔開明中〕

（　　　　）

2 60人の生徒に通学に関するアンケートをとったところ，電車を使っている生徒は50人，バスを使っている生徒は15人いました。このとき，電車もバスも両方使っている生徒は，何人以上，何人以下ですか。（10点）〔麗澤中〕

（　　　　）

3 36人の生徒にアンケートをしました。サッカーが好きな生徒は8人で，野球が好きな生徒は19人でした。この結果から，サッカーも野球も好きでない生徒は，何人以上，何人以下と考えることができますか。（10点）〔成城学園中〕

（　　　　）

4 100人の生徒にお正月に何をしたかをしつ問したところ，
おせち料理を食べた人は98人
百人一首をした人は65人
たこあげをした人は72人
もちつきをした人は80人　でした。
4つすべてをした人は，何人以上，何人以下と考えられますか。
（10点）〔頌栄女子中〕

（　　　　）

5 40 人の生徒に，AとBの２つの公園に行ったことがあるかそれぞれ聞いたところ，A公園に行ったことのある生徒は 25 人，B公園に行ったことのある生徒は 23 人でした。(36 点/1 つ 12 点)　〔立命館宇治中〕

(1) AとBのどちらの公園にも行ったことのない生徒が 10 人のとき，両方の公園に行ったことのある生徒は何人ですか。

(　　　　)

(2) AとBのどちらの公園にも行ったことのない生徒はもっとも多くて何人ですか。

(　　　　)

(3) C公園も入れてもう一度聞きました。すると，AとBとCのどの公園にも行ったことのない生徒が２人でした。A公園とB公園の両方に行ったことのある生徒が 13 人だったとするとき，C公園だけに行ったことのある生徒は何人ですか。

(　　　　)

6 生徒の人数が 36 人のクラスがあります。このクラスでは，飛行機(ひこうき)に乗ったことのある生徒は７人以上 13 人以下，新かん線に乗ったことのある生徒は 25 人以上 29 人以下いることがわかっています。

(24 点/1 つ 12 点)　〔大阪教育大附属池田中〕

(1) 生徒全員が飛行機と新かん線のどちらかに乗ったことがあるとすると，両方に乗ったことのある生徒は最大(さいだい)で何人いると考えられますか。

(　　　　)

(2) 飛行機と新かん線の両方に乗ったことがない生徒が６人以上９人以下いるとき，飛行機と新かん線の両方に乗ったことのある生徒は，何人以上，何人以下いると考えられますか。

(　　　　)

答え▶別さつ35ページ

26 和差算

1 長さ 90 cm のテープを，２本のテープに切り分けます。長い方のテープが短い方のテープより 12 cm 長くなるように切ると，何 cm と何 cm のテープができますか。

（　　　　　　　）

2 ある日の昼の時間は，夜の時間より１時間 20 分長かったそうです。この日の夜の時間は何時間何分でしたか。

（　　　　　　　）

3 国語と算数のテストがありました。２つ合わせた点数は 155 点で，算数のほうが国語より７点高い点数でした。算数の点数は何点でしたか。

（　　　　　　　）

4 いま，わたしとお母さんの年れいの和は 58 才で，わたしはお母さんが 32 才のとき生まれました。いま，お母さんは何才ですか。

（　　　　　　　）

5 兄は 4800 円，弟は 3600 円持っています。兄が弟に何円かわたしたところ，弟の持っているお金が兄の持っているお金より 400 円多くなりました。兄は弟に何円わたしましたか。

（　　　　　　　）

6 くだもの屋さんで，りんごとみかんを３こずつ買って，330 円はらいました。りんご１このねだんがみかん１このねだんより 40 円高いとき，りんご１このねだんはいくらですか。

（　　　　　　）

7 右の図のように，同じ大きさの長方形を２つならべました。長方形１つの面積は何 cm² ですか。

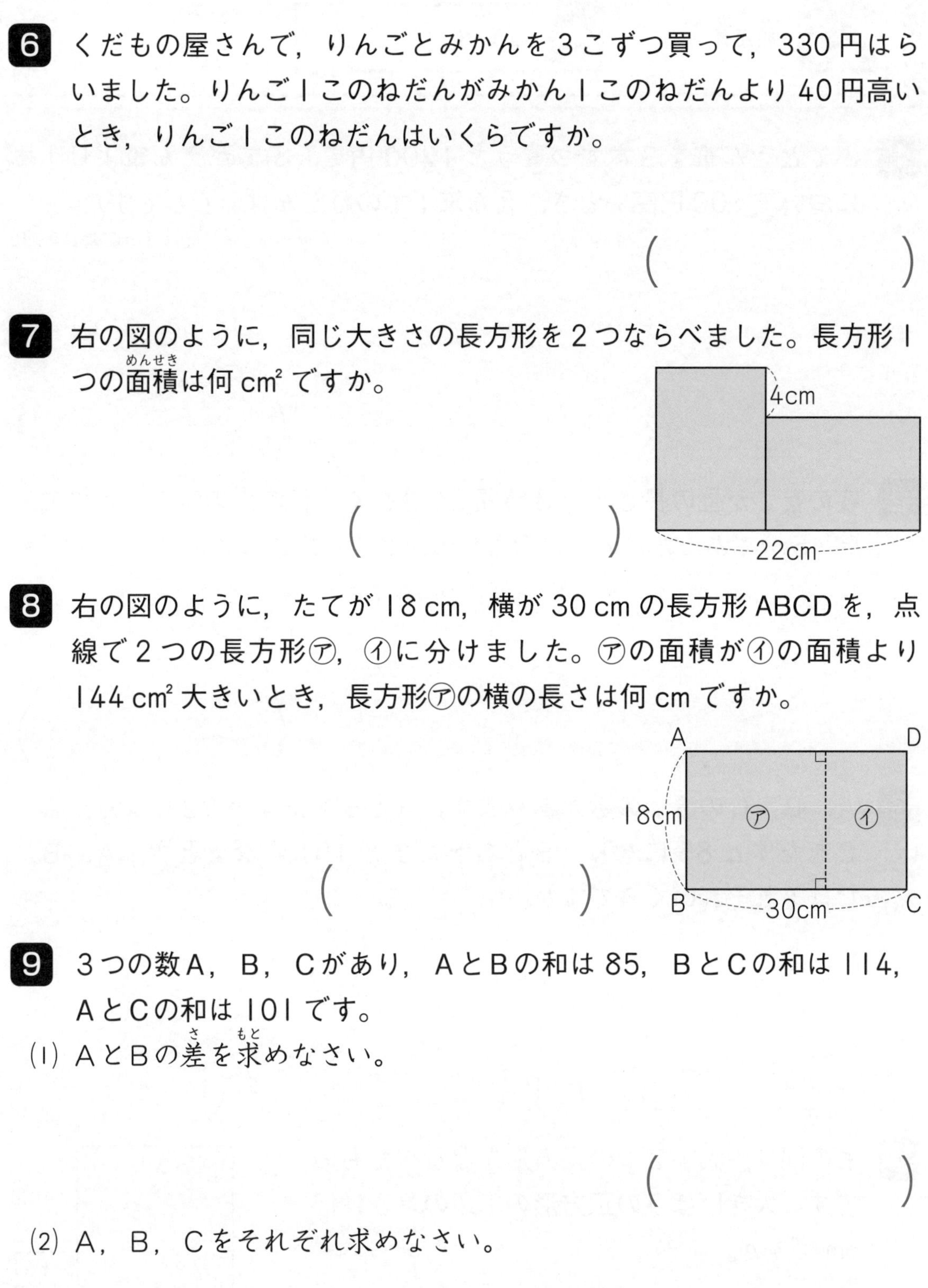

（　　　　　　）

8 右の図のように，たてが 18 cm，横が 30 cm の長方形 ABCD を，点線で２つの長方形㋐，㋑に分けました。㋐の面積が㋑の面積より 144 cm² 大きいとき，長方形㋐の横の長さは何 cm ですか。

（　　　　　　）

9 ３つの数Ａ，Ｂ，Ｃがあり，ＡとＢの和は 85，ＢとＣの和は 114，ＡとＣの和は 101 です。

(1) ＡとＢの差を求めなさい。

（　　　　　　）

(2) Ａ，Ｂ，Ｃをそれぞれ求めなさい。

Ａ（　　　　　　）　Ｂ（　　　　　　）　Ｃ（　　　　　　）

答え▶別さつ35ページ

26 和差算(わさざん)

ハイクラス

時間 25分	とく点
合かく 80点	点

1 ふでとえん筆を3本ずつ買うと1200円で，ふでがえん筆より1本について100円高いとき，えん筆1本のねだんはいくらですか。

(10点)〔大阪薫英女子中〕

(　　　　　)

2 夜の長さが昼の長さより3時間24分長く，日の出の時こくが午前6時45分であった日の，日の入りの時こくを求(もと)めなさい。(10点)〔京都橘中〕

(　　　　　)

3 A，B，Cの3つの数があります。AとBをたすと72になり，AとCをたすと85になり，BとCをたすと151になるとき，A，B，Cはそれぞれいくらですか。(15点/1つ5点)〔栄東中〕

A(　　　　)　B(　　　　)　C(　　　　)

4 右の図は，大小2つの正方形をならべたものです。大きいほうの正方形の1辺(ぺん)の長さは何cmですか。(10点)〔富士見中〕

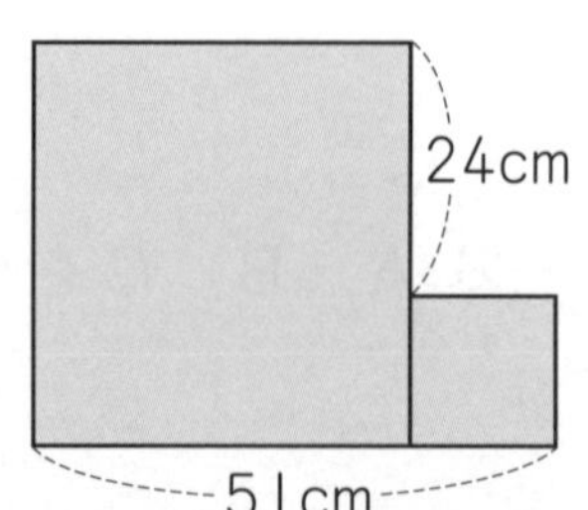

(　　　　　)

5 今持っているお金で，りんごとみかんを12こずつ買うと3600円かかって，さらにお金が残(のこ)ります。残ったお金でりんごをもう1こ買おうとすると25円たりませんが，みかんをもう1こ買おうとすると35円あまります。今持っているお金はいくらですか。ただし，消費税(しょうひぜい)は考えません。（10点）　〔滝川中〕

（　　　　　）

6 1こ300円の商品Pと1こ500円の商品Qを合わせて30こ買うのに，P，Qのこ数を予定とぎゃくにして買ったので，予定より400円安くなりました。予定通り買うと，いくらかかりますか。（15点）

〔淳心中〕

（　　　　　）

7 2辺(へん)AB，ADの長さがそれぞれ70.4 cm，83.2 cmの長方形ABCDがあります。右の図は，この長方形を6この正方形に分けたものです。

（30点/1つ15点）〔智辯学園中〕

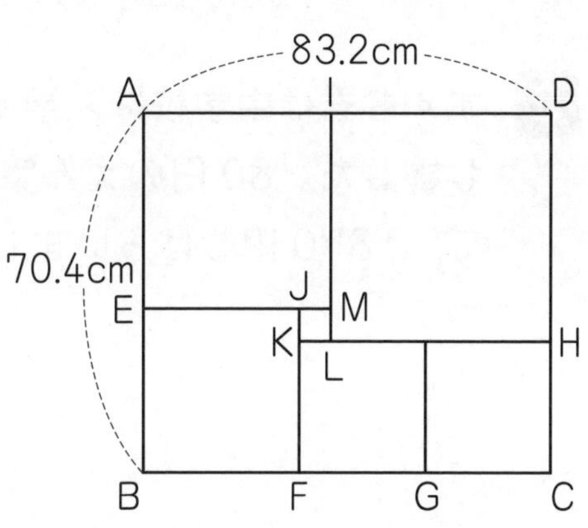

(1) 正方形JKLMの1辺(ぺん)の長さを求めなさい。

（　　　　　）

(2) 正方形EBFJの1辺の長さを求めなさい。

（　　　　　）

答え▶別さつ36ページ

27 つるかめ算

1 「63 円切手と 84 円切手を合わせて 13 まい買って，924 円しはらいました。それぞれ何まいずつ買いましたか。」という問題について，次のような図をかいて考えました。この図の□と△にあてはまる数を求(もと)めなさい。

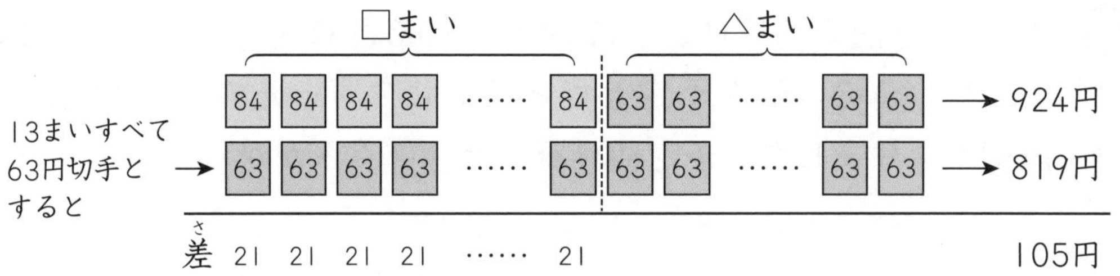

□（　　　　　　）　△（　　　　　　）

2 すすむ君は中学校に入学する前に文ぼう具を新しくこう入することにしました。80 円のえん筆と 130 円のボールペンを全部で 19 本買って，1870 円しはらいました。えん筆は何本買いましたか。

〔関東学院中〕

（　　　　　　）

3 あるおべんとう屋さんで，1 こ 600 円のおにぎりべんとうと 1 こ 750 円のカツサンドを合わせて 17 こ売ったところ，売り上げが 11400 円でした。おにぎりべんとうは何こ売れましたか。〔成蹊中〕

（　　　　　　）

4 ある品物を 200 こ運ぶ仕事をしました。1こにつき 10 円もらえますが，運ぶとちゅうで品物をこわしたときは，10 円がもらえず，ぎゃくに1こにつき 100 円はらわなければいけません。この仕事をして，もらったお金は 1120 円でした。

(1) もし，200 この品物を全部こわさずに運んだとしたら，いくらもらえますか。

（　　　　　）

(2) とちゅうでこわした品物は何こでしたか。

（　　　　　）

5 コインを投げて表が出ると東へ３歩，うらが出ると西へ２歩進むゲームをします。コインを 100 回投げたところ，最初(さいしょ)の位置(いち)から西に５歩の位置にいました。表は何回出ましたか。〔六甲学院中〕

（　　　　　）

6 ちょ金箱の中に，1円玉，５円玉，10 円玉が合わせて 30 まい入っていて，金がくの合計が 233 円でした。

(1) 1円玉は何まい入っていましたか。

（　　　　　）

(2) ５円玉は何まい入っていましたか。

（　　　　　）

答え▶別さつ37ページ

27 つるかめ算 ハイクラス

時 間 25分	とく点
合かく 80点	点

1 1本60円のえん筆と1本90円のボールペンを合わせて18本買い，1500円出したらおつりは240円でした。このとき，えん筆を何本買いましたか。（10点） 〔麗澤中〕

（　　　　）

2 A君とB君が対戦(たいせん)し，勝つと2点ふえ，負けると1点へるゲームを30回しました。最初(さいしょ)の持ち点はそれぞれ30点で，30回後にA君の点がB君の点より12点多くなりました。引き分けはなかったとき，A君は何回勝ったことになりますか。（10点） 〔世田谷学園中〕

（　　　　）

3 500円玉と100円玉と10円玉が合わせて29まいあり，合計金がくは4260円でした。このとき，100円玉は何まいありますか。

（10点）〔関西学院中〕

（　　　　）

4 10円玉，50円玉，100円玉が合わせて31まいあり，合計金がくは1740円です。このとき，50円玉と100円玉のまい数は同じでした。100円玉は何まいありますか。（10点） 〔日本大藤沢中〕

（　　　　）

5 １問３点の問題と１問４点の問題が，合わせて15題出題される50点満点のテストがあります。４点の問題をすべて正かいし，３点の問題を半分まちがえると，結果は何点になりますか。（15点）　〔鎌倉女学院中〕

（　　　　）

6 ３種類のおもりA，B，Cがたくさんあります。A，B，Cの１こあたりの重さはそれぞれ８g，13g，28gです。３種類のおもりの中から合わせて100こを１つのふくろに，重さの合計がちょうど1000gになるように入れます。ただし，ふくろの重さは考えないものとします。（30点/1つ10点）　〔同志社香里中〕

(1) A，Bの２種類だけを入れます。このとき，Aは何こですか。

（　　　　）

(2) A，B，Cの３種類を，BとCが同じこ数になるように入れます。このとき，Aは何こですか。

（　　　　）

(3) A，B，Cの３種類を，Bのこ数がCのこ数の４倍になるように入れます。このとき，Aは何こですか。

（　　　　）

7 ８才，７才，３才の子どもたちが合わせて12人います。この12人に節分の豆を年れいの数だけ配ったところ，配った豆の数は全部で75こでした。このとき，８才の子どもは最大で何人いますか。（15点）　〔本郷中〕

（　　　　）

答え▶別さつ38ページ

28 過不足算

1 みかんを何人かに分けるのに，１人４こずつにすると８こあまり，１人６こずつにすると10こたりません。

(1) １人に配るみかんの数が[㋐]こちがうと，配ったみかん全体の数が[㋑]こちがっていることから，配った人数は[㋒]人とわかります。㋐～㋒にあてはまる数を求めなさい。

㋐（　　　　）　㋑（　　　　）　㋒（　　　　）

(2) みかんは全部で何こありますか。

（　　　　）

2 生徒に折り紙を配ります。３まいずつ配ると５まいあまります。４まいずつ配ろうとすると20まいたりません。生徒の人数は何人ですか。また，折り紙は何まいありますか。〔松蔭中〕

生徒（　　　　）　折り紙（　　　　）

3 箱がいくつかあり，レタスが何こかあります。このレタスを１箱に５こずつ入れたところ，箱に入らないレタスが26こありました。次に１箱に７こずつ入れ直したところ，箱に入らないレタスが２こになりました。レタスは何こありましたか。〔青陵中〕

（　　　　）

4 クラスの生徒全員から遠足のひようを集めるのに，１人450円ずつ集めると2000円たりないので，１人500円ずつ集めましたが，それでも250円たりません。

(1) クラスの生徒は何人ですか。

(　　　　　　)

(2) 遠足のひようは全部でいくらですか。

(　　　　　　)

5 いくつかのみかんを箱に入れるのに，１つの箱に12こずつ入れると，7こが箱に入らなかったので，１つの箱に13こずつ入れると，ちょうど箱が１つあまりました。みかんは全部で何こありますか。

〔金蘭千里中〕

(　　　　　　)

6 何人かの生徒が長いすに５人ずつすわると全部の長いすを使っても４人すわれなかったので，６人ずつすわると長いすは１きゃくあまり，最後(さいご)の長いすには５人すわりました。生徒は何人いますか。〔大阪学芸中〕

(　　　　　　)

7 １本80円のえん筆を何本か買う予定でお金を用意しましたが，１本50円のえん筆しかなかったので，予定より５本多く買えて20円あまりました。用意したお金はいくらですか。

〔法政大中〕

(　　　　　　)

28 過不足算

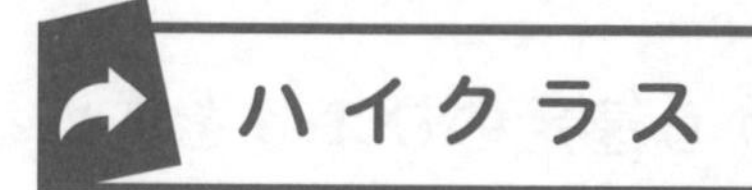

答え▶別さつ39ページ

時間 25分	とく点
合かく 80点	点

1 次の□にあてはまる数を求めなさい。(40点/1つ10点)

(1) 子どもが□人います。長いすに4人ずつすわると7人がすわれません。6人ずつすわると，最後の長いすに5人すわり，長いすが2つあまります。 〔関西学院中〕

(　　　　　)

(2) いくつかの箱にボールを入れます。1箱にボールを9こずつ入れると3こあまり，11こずつ入れると，空の箱が2つ残り，ボールが10こだけ入った箱が1つできます。このとき，ボールは全部で□こです。 〔大谷中〕

(　　　　　)

(3) みかんを皿にのせます。3まいの皿には5こずつ，4まいの皿には6こずつ，残りの皿には7こずつのせると，みかんは32こあまります。また，すべて8こずつのせなおすと，みかんは8こあまります。このとき，みかんは全部で□こです。 〔帝塚山中〕

(　　　　　)

(4) 小学生にえん筆を配ります。1人に6本ずつ配ると29本不足するので，高学年の3人には10本ずつ，中学年の7人には5本ずつ，低学年の子どもたちには4本ずつ配ると，ちょうど全部配ることができました。えん筆は全部で□本あります。 〔横浜共立学園中〕

(　　　　　)

2 Aさんがケーキを買いに行きました。ケーキを31こ買おうとすると1320円不足し，24こ買うと920円残ります。(30点/1つ10点)　〔大谷中〕

(1) ケーキ1こはいくらですか。

(　　　　　　)

(2) Aさんはお金をいくら持っていますか。

(　　　　　　)

(3) ケーキをもっとも多く買ったとき，お金はいくら残りますか。

(　　　　　　)

3 あるクラスの生徒(せいと)全員にりんごとみかんを配ります。りんごを女子1人に4こ，男子1人に3こずつ配ると7こあまり，女子1人に2こ，男子1人に5こずつ配ると3こたりません。また，みかんを女子1人に3こ，男子1人に4こずつ配ると10こあまります。

(30点/1つ15点)　〔明治大付属明治中〕

(1) 男子は女子より何人多いですか。

(　　　　　　)

(2) みかんはりんごより何こ多いですか。

(　　　　　　)

答え▶別さつ39ページ

29 分配算

標準クラス

1 3000円のお金を，Aさんと Bさんの2人で分けます。それぞれの場合について，図を参考に，Aさん，Bさんがいくらもらえるかを求めなさい。

(1) AさんがBさんの3倍のお金をもらう場合。

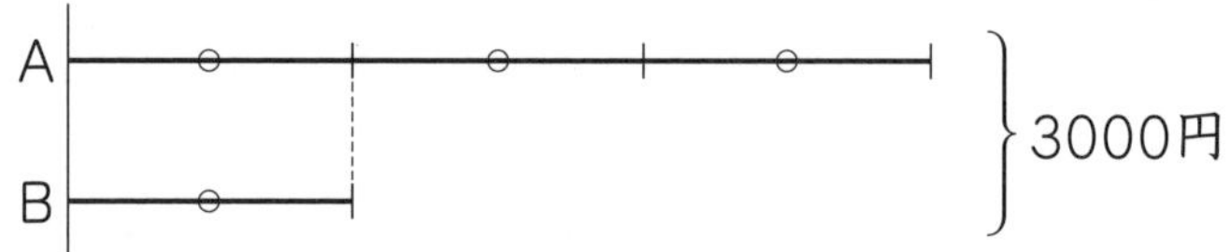

A（　　　　　）　B（　　　　　）

(2) AさんがBさんの4倍より200円多いお金をもらう場合。

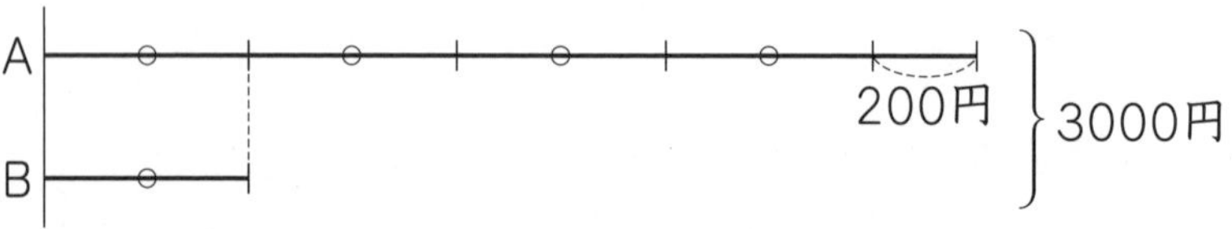

A（　　　　　）　B（　　　　　）

2 Aさん，Bさん，Cさんの体重を合わせると85kgで，AさんはBさんより3kg重く，Cさんより2kg重いそうです。図を参考にして，3人の体重をそれぞれ求めなさい。

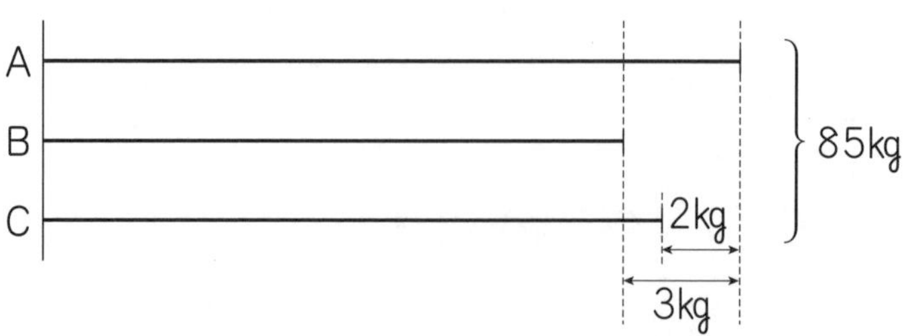

A（　　　　　）　B（　　　　　）　C（　　　　　）

3 1300円をA，B，Cの3人で分けます。AはBより60円多く，CはBより40円多いように分けると，A，B，Cがもらえるお金はそれぞれいくらになりますか。

A（　　　　）　B（　　　　）　C（　　　　）

4 10000円を，A君，Bさんの2人で分けます。A君がBさんの2倍より500円少なくなるようにするとき，A君は何円受け取りますか。

〔東海大付属大阪仰星中〕

（　　　　）

5 1，2，3，4，5のような連続(れんぞく)する5つの整数があります。5つの整数の和が125のとき，いちばん小さい数を求(もと)めなさい。　〔大阪桐蔭中〕

（　　　　）

6 2mのぼうをすべて長さのちがう4本のぼうに切りました。順(じゅん)に10cmずつ長くなっています。いちばん長いぼうは何cmですか。

〔同志社中〕

（　　　　）

7 2つの数A，Bがあります。AとBの和が153で，AをBでわると，商が3であまりが5になります。A，Bを求めなさい。

A（　　　　）　B（　　　　）

答え▶別さつ40ページ

29 分配算（ぶんぱいざん）　ハイクラス

時間	25分	とく点
合かく	80点	点

1 長さ４ｍのひもを，Ａ，Ｂ，Ｃの３本に切ります。ＢはＡより 55 cm 長く，ＣはＢより 40 cm 短いとき，Ｂのひもの長さは何 cm ですか。（10 点）〔桐光学園中〕

（　　　　　）

2 1000 円をＡ，Ｂ，Ｃの３人で分けます。ＡはＢより 100 円多く，ＣはＢより 150 円少なくなるようにします。３人が受け取る金がくはそれぞれ何円ですか。（10 点）〔トキワ松学園中〕

Ａ（　　　　　）Ｂ（　　　　　）Ｃ（　　　　　）

3 3800 円をＡさん，Ｂさん，Ｃさんの３人で分けます。ＢさんはＡさんの２倍より 900 円多く，ＣさんはＡさんの３倍より 100 円少なくなるようにすると，Ｃさんはいくらになりますか。（10 点）〔聖セシリア女子中〕

（　　　　　）

4 700 円を，ＡはＢの２倍より 40 円多く，ＣはＢの５倍より 20 円少なくなるように分けると，Ｂが受け取る金がくはいくらですか。（10 点）

（　　　　　）

5 商品A，B，Cが合わせて96こあります。Bのこ数はAのこ数の2倍，Cのこ数はBのこ数の3倍より21こ少ないとき，Cは何こありますか。（15点）

（　　　　　）

6 A，B，Cの3人で1000円を分けたところ，AはBの2倍より120円少なく，CはAの3倍より50円少なくなりました。Aのもらった金がくはいくらですか。（15点）

〔昭和学院秀英中〕

（　　　　　）

7 A君，B君，C君の3人が遊園地へ行きました。A君が3人分の昼食代をはらい，B君が3人分の入園料（にゅうえんりょう）をはらい，C君が3人分の電車賃（でんしゃちん）990円をはらいました。あとでC君がB君に330円わたし，A君がB君に60円わたしたところ，3人が使ったお金が等しくなりました。1人分の昼食代，入園料，電車賃はそれぞれ同じです。（30点/1つ10点）

〔和歌山信愛中〕

(1) 1人が使ったお金は全部でいくらですか。

（　　　　　）

(2) 1人分の昼食代を答えなさい。

（　　　　　）

(3) 1人分の入園料を答えなさい。

（　　　　　）

答え▶別さつ41ページ

30 年れい算

標準クラス

1 今，母は35才，子どもは7才です。今から□年後に，母の年れいが子どもの年れいのちょうど3倍になります。

(1) 母の年れいが子どもの年れいのちょうど3倍になったときの2人の年れいのようすを図に表しました。㋐にあてはまる数を答えなさい。

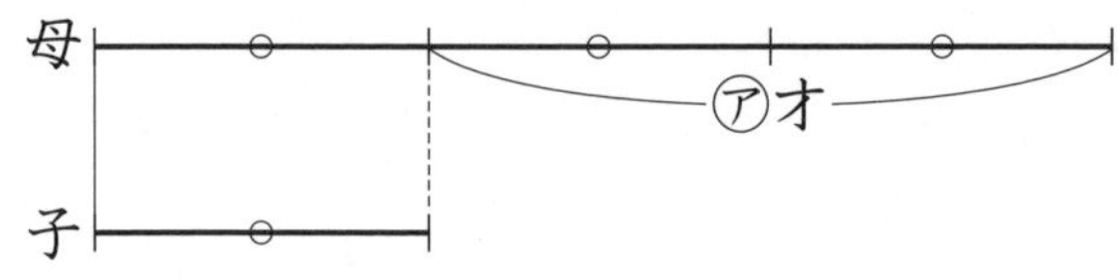

(　　　　　)

(2) □年後は，何年後ですか。

(　　　　　)

2 今，母は28才，弟は4才です。母の年れいが弟の年れいの4倍になるのは，今から何年後ですか。

(　　　　　)

3 今，父は40才，子どもは12才です。父の年れいが子どもの年れいの5倍だったのは，今から何年前ですか。

(　　　　　)

4 兄は2500円，弟は1900円持っています。2人とも同じねだんの本を買ったので，残(のこ)ったお金は，兄が弟の3倍になりました。2人が買った本のねだんはいくらでしたか。

(　　　　　)

5 今，父は 43 才，母は 39 才で，２人の子どもは 12 才と 10 才です。父と母の年れいの和が，２人の子どもの年れいの和の３倍になるのは，今から何年後ですか。

（　　　　　）

6 今，母の年れいは 36 才で，弟の年れいは９才です。母の年れいが弟の年れいの２倍より７才多くなるのは，今から何年後ですか。

（　　　　　）

7 父と子どもの年れいの和は 57 才で，今から 21 年後に父の年れいが子どもの年れいのちょうど２倍になります。子どもの今の年れいは何才ですか。

〔滝川中〕

（　　　　　）

8 現在（げんざい），母の年れいは 40 才で，３人の子どもの年れいはそれぞれ 14 才，10 才，６才です。３人の子どもの年れいの和が母の年れいと等しくなるのは今から何年後ですか。

〔帝塚山中〕

（　　　　　）

9 父と息子（むすこ）の年れいの和は 68 才です。そして 10 年前は，父の年れいが息子の年れいの３倍でした。今，息子の年れいは何才ですか。

〔かえつ有明中〕

（　　　　　）

答え▶別さつ42ページ

時間	25分	とく点
合かく	80点	点

30 年れい算 ハイクラス

1 次の□にあてはまる数を求めなさい。(30点/1つ10点)

(1) 姉は妹より4才年上で，11年前は姉の年れいは妹の年れいの3倍でした。現在の姉の年れいは□才です。〔金蘭千里中〕

(　　　　)

(2) 今，さとし君は7才，お兄さんは13才です。さとし君の年れいの7倍とお兄さんの年れいの5倍が等しくなるのは□年後です。

〔智辯奈良カレッジ中〕

(　　　　)

(3) 花子さんの父と母は同じ年れいで，2年前の3人の年れいの合計は84才でした。今年，花子さんの年れいのちょうど4倍が母の年れいと等しくなりました。今年の花子さんの年れいは□才です。

〔武庫川女子大附中〕

(　　　　)

2 A君の家族は，父，母，A君，妹の4人家族です。現在，4人の年れいの和は102才で，現在の母と妹の年れいの和は，3年前の父とA君の年れいの和と同じです。また，現在の父の年れいはA君の年れいの3倍より6才上です。(20点/1つ10点)

(1) 現在の母と妹の年れいの和は何才ですか。

(　　　　)

(2) 現在のA君の年れいは何才ですか。

(　　　　)

3 ひかる君は両親と弟の４人家族です。父は母よりも２才年上で，弟はひかる君より４才年下です。現在，父の年れいは弟の年れいの１２倍です。６年前は，弟が生まれていなかったので，３人の年れいの合計は５９才でした。（20点/1つ10点） 〔近畿大附中〕

(1) 現在，父と母とひかる君の３人の年れいの和は何才ですか。

（　　　　　）

(2) 現在，ひかる君は何才ですか。

（　　　　　）

4 ある４人家族(父，母，兄，弟)の４人の年れいの和は９５です。父は母より４才年上で，父と兄の年れいの和は母と弟の年れいの和より９多いといいます。また，１０年前，この家族の年れいの和は５８でした。現在の父の年れいを求めなさい。（10点） 〔大阪教育大附属池田中〕

（　　　　　）

5 姉は５２０円，妹は３６０円持っていましたが，姉も妹も同じおかしを買ったので，姉の残金(ざんきん)は妹の残金の３倍になりました。このおかしのねだんはいくらですか。（10点） 〔京都学園中〕

（　　　　　）

6 ＡさんとＢさんは同じ金がくのお金を持っていましたが，Ａさんが１９５０円，Ｂさんが６００円使ったので，Ｂさんの残金がＡさんの残金の４倍になりました。２人ははじめ，いくらずつ持っていましたか。
（10点）

（　　　　　）

答え▶別さつ43ページ

時間 30分	とく点
合かく 80点	点

1 次の問いに答えなさい。(40点/1つ10点)

(1) 3つの数A，B，Cがあります。A−B=2，B−C=6，A+C=32のとき，A，B，Cはそれぞれいくらですか。〔千葉日本大第一中〕

A(　　　)　B(　　　)　C(　　　)

(2) 日本では古くから，立春を第1日目として数えた88日目を「八十八夜(はちじゅうはちや)」とよんでいます。2018年の立春は2月4日の日曜日です。2018年の八十八夜は何曜日ですか。〔東京都市大学等々力中〕

(　　　)

(3) 5円玉と10円玉が合わせて20まいあり，その重さは84gです。全部で何円ありますか。ただし，5円玉1まいの重さは3.75g，10円玉1まいの重さは4.5gとします。〔実践女子学園中〕

(　　　)

(4) ある家には，父，母，姉，妹の4人がいます。現在(げんざい)4人の年れいの和は120才で，母と姉の年れいの和から父の年れいをひくと，妹の年れいと同じになります。また，4年後には，父の年れいは妹の年れいの3倍になります。父は現在何才ですか。〔関東学院中〕

(　　　)

2 たて３cm，横７cm の長方形の形をした青，赤，黄，白の４種類のカードがたくさんあります。青，赤，黄，白の順にのりしろを１cm としてつなぎ，テープを作ります。（30点/1つ10点）　〔春日部共栄中〕

1cm
3cm　青　赤　黄　白　青　…
7cm

(1) ６まいのカードをつないだとき，テープの面積は何 cm^2 ですか。

（　　　　　　）

(2) テープの面積が 345 cm^2 になるとき，カードは全部で何まいですか。

（　　　　　　）

(3) テープの面積が 1101 cm^2 になるとき，青色のカードは全部で何まいですか。

（　　　　　　）

3 下のように，あるきそくにしたがって数がならんでいます。

（30点/1つ15点）

2，2，4，2，4，6，2，4，6，8，2，4，……

(1) ５回目の 12 が出てくるのは，最初から数えて何番目ですか。

（　　　　　　）

(2) 最初から数をたしていくと，はじめて 130 をこえるのは，何の数が何回目に出たときですか。

（　　　　　　）

答え▶別さつ44ページ

時 間　30分	とく点
合かく　80点	点

チャレンジテスト⑩

1 花子さんとゆり子さんが石だんでじゃんけんゲームをしています。1回のじゃんけんで，勝つと3だん上がり，負けると2だん下がり，あいこのときは1だん上がります。花子さんとゆり子さんは，同じ石だんからスタートします。35回じゃんけんをして，最初(さいしょ)の位置(いち)より花子さんは38だん，ゆり子さんは3だん上にいます。(30点/1つ10点)

〔湘南白百合学園中〕

(1) ゆり子さんの勝った回数は，花子さんの勝った回数より何回少ないですか。

(　　　　)

(2) あいこの回数は何回ですか。

(　　　　)

(3) ゆり子さんの負けた回数は何回ですか。

(　　　　)

2 ある40人のクラスで，スマートフォンを持っている人は25人，パソコンを持っている人は17人でした。(20点/1つ10点)　〔田園調布学園中〕

(1) 両方とも持っている人が10人であるとき，両方とも持っていない人は何人ですか。

(　　　　)

(2) 両方とも持っている人は，何人以上(いじょう)何人以下(いか)と考えられますか。

(　　　　)

3 現在，３姉妹の年れいの合計は 35 才です。［㋐］年後に長女が［㋑］才，次女が 20 才，三女は現在の２倍の年れいになり，３人の年れいの合計は 59 才になります。㋐，㋑にあてはまる数を求めなさい。

(10 点)〔鎌倉女学院中〕

㋐（　　　　）　㋑（　　　　）

4 みかんを何人かの子どもに配ります。１人に３こずつ配ると６こあまります。そこでみかんを 30 こふやして，１人に５こずつ配ると，ちょうど配ることができました。子どもは何人いますか。(10 点)

〔日本女子大附中〕

（　　　　）

5 Ａ君，Ｂ君，Ｃ君の３人の所持金の合計は 2500 円です。Ｂ君の所持金はＡ君の３倍より 100 円多く，Ｃ君の所持金はＢ君の２倍より 500 円少ない。Ｂ君の所持金を求めなさい。(10 点)　〔慶應義塾湘南藤沢中〕

（　　　　）

6 １こが 30 円，47 円，80 円の３種類のおかしを合わせて 15 こ買ったところ，合計金がくが 719 円でした。30 円のおかしは何こ買いましたか。(10 点)　〔甲南女子中〕

（　　　　）

7 消しゴムはえん筆よりも 30 こ多くあります。子どもたちに消しゴムを７こずつ，えん筆を５本ずつ配ると消しゴムはちょうどなくなりましたが，えん筆は 18 本あまりました。消しゴムは何こありますか。

(10 点)〔清風南海中〕

（　　　　）

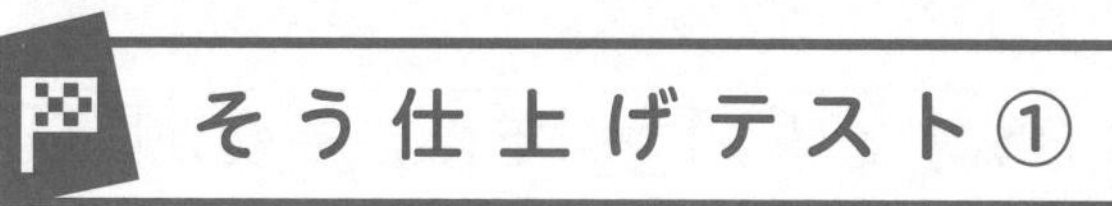

答え▶別さつ44ページ

時 間 30分	とく点
合かく 80点	点

1 次の計算をしなさい。(18点/1つ6点)

(1) 3856÷4　　(2) 2075÷7　　(3) 8249÷45

2 次の計算をしなさい。(24点/1つ8点)

(1) 1.94+25.08−10.3−0.76 〔捜真女学校中〕

(2) 100−63.52+17.3−21.88 〔国本女子中〕

(3) 151.2+7.9−41.3+58.4+62.8 〔南山中女子部〕

3 次の問いに答えなさい。(20点/1つ10点) 〔相模女子大中〕

(1) 右の図のような長方形を2つならべた図形があります。太線の部分の長さの合計は23 cmです。この図形の面積(めんせき)は何cm^2ですか。

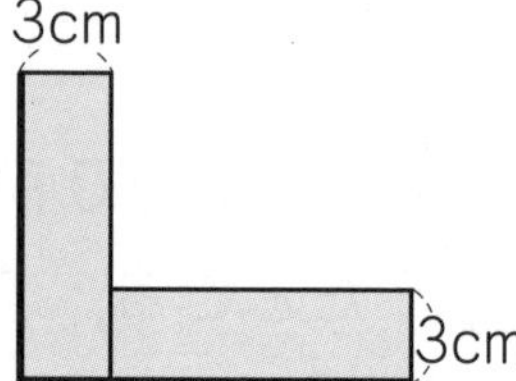

(　　　　)

(2) 右の図のような長方形を3つならべた図形があります。太線の部分の長さの合計は40 cmです。この図形の面積は何cm^2ですか。

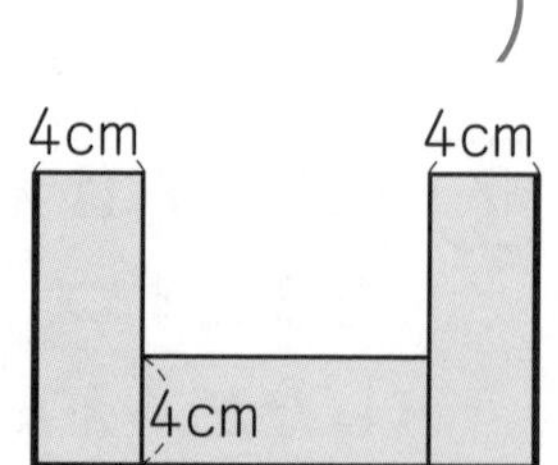

(　　　　)

4 図１のような，長さが４cm，太さが４mmの輪(わ)があります。この輪を図２のように１列につなげて，くさりをつくります。(20点/1つ10点)

〔学習院女子中〕

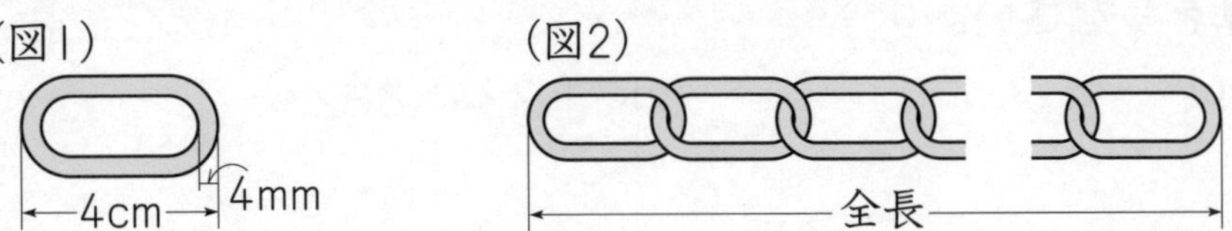

(1) 10この輪をつなげたとき，くさりの全長は何cm何mmになりますか。

(　　　　　　)

(2) 輪を何こ以上(いじょう)つなげると，くさりの全長が１m20cmをこえますか。

(　　　　　　)

5 小数点と0，0，1，3，5，7の６つの数字を１回ずつ使って，小数(しょうすう)第二位(だいにい)まである６けたの小数をつくります。もっとも大きい数ともっとも小さい数との差(さ)を求(もと)めなさい。(8点)

(　　　　　　)

6 24兆(ちょう)200億(おく)を加(くわ)えて，四捨五入(ししゃごにゅう)して１兆の位(くらい)までのがい数にすると，43兆になるような整数を考えます。このような整数のうち，もっとも小さい数を求めなさい。(10点)

〔ノートルダム清心中〕

(　　　　　　)

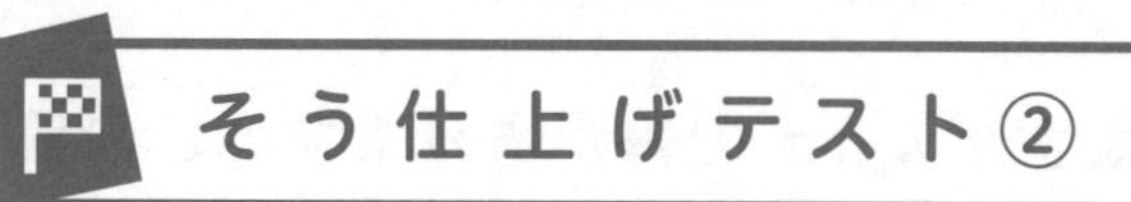

そう仕上げテスト②

答え▶別さつ45ページ

時間 30分	とく点
合かく 80点	点

1 次の計算をしなさい。(10点/1つ5点)

(1) 3.15×14　　(2) 1.234×832

2 次のわり算の商を四捨五入して，小数第二位まで求めなさい。(10点/1つ5点)

(1) $6.66 \div 23$　　(2) $11.4 \div 55$

3 次の計算をくふうしてしなさい。(10点/1つ5点)

(1) $0.125 \times 4 \times 8 \times 0.25$ 〔東京成徳大中〕

(2) $3.14 \times 83 - 3.14 \times 97 + 114 \times 3.14$ 〔法政大中〕

4 ある数に$4\frac{7}{9}$たすのを，まちがえて$4\frac{7}{9}$ひいてしまったので，答えが$2\frac{6}{9}$になりました。ある数と，正しく計算したときの答えを求めなさい。(10点)

ある数（　　　　）　正しい答え（　　　　）

5 ご石を使って，右の図のようにならべる正方形の形にならべると，30こあまりました。そこで，たて，横１列ずつふやしたところ，まだ，５こあまりました。ご石ははじめに何こありましたか。（15点）　〔関西学院中〕

（　　　　　）

6 大小２つの数があります。その２数をたすと440で，大きい数から小さい数をひくと184です。大きいほうの数はいくつですか。（15点）

〔鎌倉女子大中〕

（　　　　　）

7 Aさん，Bさん，Cさんの３人は，４月16日の月曜日から，水泳の練習を始めました。Aさんは３日泳いで１日休み，Bさんは２日泳いで１日休み，Cさんは１日泳いで１日休み，それぞれこれをくり返して，８月31日まで泳ぎました。

次の問いに答えなさい。（30点/1つ10点）　〔捜真女学校中〕

(1) ８月31日は何曜日でしたか。

（　　　　　）

(2) Aさんは全部で何日泳ぎましたか。

（　　　　　）

(3) ３人がいっしょに泳いだ日は，何日ありましたか。

（　　　　　）

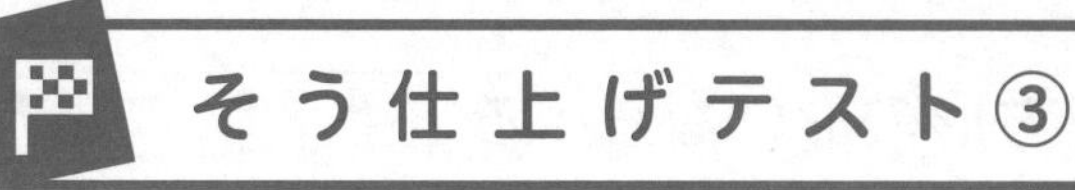

そう仕上げテスト③

答え▶別さつ46ページ

時間 40分	とく点
合かく 80点	点

1 1辺が 10 cm の正方形を，右の図のように，高さがそろうようにはり合わせていきます。10 まいはり合わせてできる図形の面積を求めなさい。（10 点）

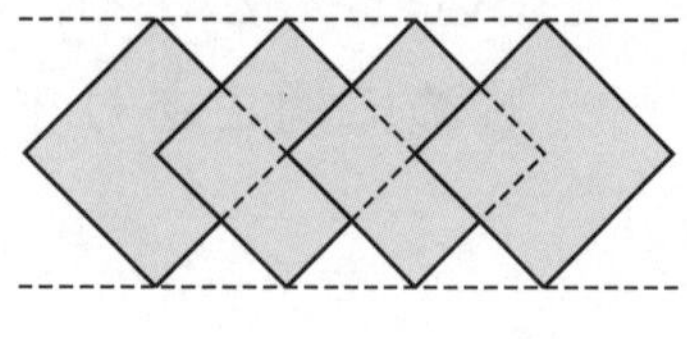

（　　　　　）

2 ある数に 4.25 をたして 24 倍する計算を，まちがえて 24 倍してから 4.25 をたしたので，答えが 160.25 になりました。正しい答えを求めなさい。（10 点）

（　　　　　）

3 ある小数を 100 倍してから，小数第二位を四捨五入すると，18.3 になります。また，もとの小数を 10000 倍した数を 9 でわると，商は整数になり，あまりはありません。この小数を求めなさい。（10 点）

（　　　　　）

4 A市の人口は千の位(くらい)を四捨五入すると38万人で，B市の人口は百の位を四捨五入すると24万4千人です。次の問いに答えなさい。

(10点/1つ5点)〔プール学院中〕

(1) A市とB市の人口の和はもっとも少なくて何人ですか。

(　　　　　)

(2) A市とB市の人口の差(さ)はもっとも多くて何人ですか。

(　　　　　)

5 あるかん入りジュースは，あきかん6本で，新しい1本と交かんしてもらえます。次の問いに答えなさい。(10点/1つ5点)

(1) 60本買えば，最高(さいこう)で何本飲めますか。

(　　　　　)

(2) 300本飲むには，最低(さいてい)で何本買えばよいですか。

(　　　　　)

6 あるクラスでノートを配ることにしました。男子1人に4さつずつ，女子1人に6さつずつ配ると7さつあまります。また，男子1人に6さつずつ，女子1人に4さつずつ配るとすれば9さつ不足(ふそく)し，男子1人に5さつずつ，女子1人に7さつずつ配るとすれば33さつ不足します。このクラスの男子の人数は何人で，ノートは全部で何さつありますか。(10点)

〔灘中〕

男子(　　　　　)　ノート(　　　　　)

7 たて８cm，横８cm，高さ10cmの木でできた直方体があります。この直方体を，まず面㋐に平行な面で，１cmずつに切り，それぞれの面の切り口の両面に赤色をぬります。次に面㋑と面㋒に平行な面で同じように切り，それぞれの切り口の両面に青色をぬります。こうして，この直方体を１辺(へん)１cmの立方体に分けます。次の問いに答えなさい。

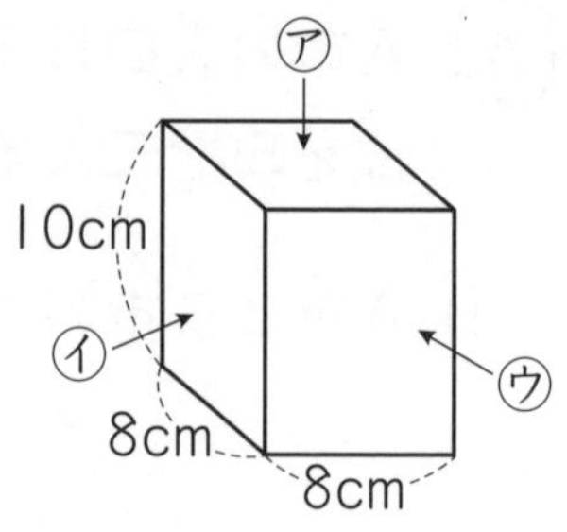

(24点/1つ8点)〔立教新座中〕

(1) 赤色が１面だけぬられている立方体は何こありますか。

(　　　　　　)

(2) ６面とも色がぬられている立方体は何こありますか。

(　　　　　　)

(3) 青色が３面以上(いじょう)ぬられている立方体は何こありますか。

(　　　　　　)

8 あるクラスで，けい帯型(たいがた)ゲーム機(き)とけい帯電話を持っている人の数を調べました。下の表はその人数の一部を書き入れたものです。次の問いに答えなさい。(16点/1つ8点)

〔立教池袋中ー改〕

けい帯電話＼けい帯型ゲーム機	持っている	持っていない	合　計
持っている	㋐		
持っていない		7	24
合　計		12	40

(人)

(1) ㋐にあてはまる数はいくつですか。

(　　　　　　)

(2) けい帯型ゲーム機は持っているが，けい帯電話を持っていない人は，何人ですか。

(　　　　　　)

答え

1　大きい数のしくみ

標準クラス　p.2〜3

1 (1)三千七十四億五千万二千八
(2)九千三億四百万五百七

2 (1)2450008000000
(2)590000760

3 (1)1000000000　(2)1兆5000億
(3)4兆7千億　(4)425億　(5)10兆

4 (1)>　(2)>

5 イ→ウ→ア

6 ㋐9300億　㋑1兆
㋒1兆700億　㋓1兆1500億

7 (1)2000万　(2)500億

8 (1)7940億　(2)4兆3000億
(3)2兆8000億　(4)20億4000万
(5)2500億　(6)8000万

とき方

1 大きい数を読んだり，書いたりするときは，万，億，兆の位を4けたずつにくぎります。

1 2 3 4 | 5 6 7 8 | 9 1 2 3 | 4 5 6 7
兆　億　万

位どりには，次の2つのしくみがあります。
① 10こ集まって上の位に上がる。
②千百十一の4つのくぎりで大きな位に上がる。
したがって，大きな数は，4けたずつに分けると読みやすくなります。

3 (3)千億を47こ集めると1つ位が上がります。
ある数を10こ集めると，1つ位が上がるのと同じしくみになっています。
1000(億)×47=47000(億)
=4兆7000億
(4) 350(億)+75(億)=425(億) と計算します。
億から下の位の数は0なので，計算するときは，億から上の位の数だけで計算することができます。
350+75=425 → 425億
たとえば，12兆−9兆 → 12−9=3 → 3兆
とかん単に計算できます。
(5) 10倍，100倍，1000倍すると，それぞれ位が1つ，2つ，3つ上がります。

4 同じ位をそろえてくらべます。
不等号を使った式 ○>△ は，○が△より大きいことを表します。また，○<△ は，○が△より小さいことを表します。

5 万から上の位だけにすると，
ア7億9240万　イ7938万　ウ7億9040万
となり，くらべやすくなります。

6 1目もりは100億になります。

7 (1)6億から7億の間は5目もりで，差が1億です。
1目もりの大きさを求めるには，1億÷5を100000000÷5と数字になおして計算するやり方のほかに，1億は10000万と同じ大きさと考えて，10000(万)÷5=2000(万)としてもかまいません。
(2) 1000億から2000億の間は2目もりで，差が1000億です。
1000(億)÷2=500(億)

8 (3)3兆4000億は，34000億と同じ大きさです。
34000(億)−6000(億)=28000(億)
=2(兆)8000(億)
と考えます。
(6) 10でわると，位が1つ下がります。

ハイクラス　p.4〜5

1 (1)(上から)10000，100000000
(2)1000000000000000000
(3)100000000000000000
(4)① 10　② 100　③ 100

2 9960億

3 (1)9999万8000
(2)9999万9800
(3)9999万9980

4 (1)987654321　(2)102345678

5 (1)1億　(2)1000兆　(3)680億
(4)89兆　(5)5兆　(6)32億
(7)6020億　(8)3000万

とき方

1 千兆より大きな位も，千兆までの数と同じしくみで位が上がります。

ひっぱると、はずして使えます。

❷ 9900億と1兆の差は100億です。その間が10目もりなので，1目もりは，
100(億)÷10=10(億)

❹ (2)0から9までの数を小さい順(じゅん)に9こならべると，0，1，2，3，4，5，6，7，8
012345678という数はないので，0と1を入れかえて，102345678

❺ (1)5000(万)+5000(万)=10000(万)
=1(億)
(5)5(億)×10000=50000(億)
=5(兆)
答えを書くときは，位をたしかめて書きます。

2 計算の順じょ

標準クラス p.6〜7

❶ (1)5　(2)60　(3)17　(4)150
(5)245　(6)1110　(7)51　(8)7
(9)16　(10)0

❷ (1)(式)(13−7)÷2=3　答え 3
(2)(式)200−15×6=110　答え 110
(3)(式)640−290+326=676　答え 676
(4)(式)(315+329)×18=11592
答え 11592

❸ (1)(式)326−15×18=56　答え 56きゃく
(2)(式)(64+24)÷8=11　答え 11まい

とき方

❶ (　)があるときは，(　)の中を先に計算します。かけ算・わり算と，たし算・ひき算のまじった計算では，かけ算・わり算を先にします。
(3)わり算を先に計算して，21からひきます。
(6)(　)の中を先に計算して，次にかけ算をします。
(152−78)×15=74×15=1110

❷ (1)13と7の差(さ)は13−7=6，その差を2でわるから，6÷2=3となります。2つの式の同じ数が6なので，あとの式の6に，前の6になる式を入れます。

いくつかの式を1つの式にまとめるときには，同じ数を見つけます。
2×3=6
24÷6=4 } → 24÷(2×3)=4

❸ (1)15×18はならべたいすの数です。
15×18=270，326−270=56をまとめます。
(2)2人のシールのまい数を，(　)を使って，合わせてから8でわります。

ハイクラス p.8〜9

❶ (1)12　(2)12　(3)110　(4)35　(5)20
(6)65　(7)120　(8)6　(9)25

❷ (1)(式)(220−120)÷10=10
答え 10まい
(2)(式)(145+350)×3=1485
または，145×3+350×3=1485
答え 1485円
(3)(式)2000−5700÷6=1050
答え 1050円
(4)(式)1000−(120×5+150)=250
答え 250円
(5)(式)(250+100−50)×250=75000
答え 75000円

とき方

❶ (2)5+28÷(10−3×2)
=5+28÷(10−6)
=5+28÷4
=5+7
=12
(3)195−(12+45÷9)×5
=195−(12+5)×5
=195−17×5
=195−85
=110
(5)35−3×(21−20÷5×4)
=35−3×(21−16)
=35−3×5
=35−15
=20
(6)〜(9)では，{　}，(　)の2種類(しゅるい)のかっこが使われています。この場合は，(　)の中を先に，次に{　}の中を計算します。
(6){98−(65−39)+19}−26
=(98−26+19)−26
=91−26
=65

❷ (1)(　)の中が残(のこ)りのお金になります。
(2)あめもチョコレートも3つずつ買ったので，(　)で2つの金がくをまとめてから3倍します。または，あめの代金とチョコレートの代金をそれぞれ式に表し，それをたします。
(3)5700÷6は，1人分の使ったお金です。

(4) 120 円のノート５さつと 150 円ののりの代金は，( )を使ってまとめ，1000 円からひきます。

3 計算のきまり

標準クラス

p.10〜11

1 (1)458 (2)178 (3)949，63
(4)12，288 (5)15

2 (1)(順に)100，15200
(2)(順に)52，300，500
(3)(順に)100，1300
(4)(順に)100，4200，4158

3 (1)(式)□×4+23=55 答え 8
(2)(式)□÷6+10=16 答え 36
(3)(式)(□+3)×2=26 答え 10

4 (1)
☆☆☆ | | ☆☆☆☆☆
☆☆☆ | | ☆☆☆☆☆
☆☆☆☆☆☆☆☆☆☆☆☆
☆☆☆☆☆☆☆☆☆☆☆☆
☆☆☆☆☆☆☆☆☆☆☆☆
☆☆☆☆☆☆☆☆☆☆☆☆

(2)
☆☆☆ | | ☆☆☆☆☆
☆☆☆ | | ☆☆☆☆☆
☆☆☆ | ☆☆☆☆ | ☆☆☆☆☆
☆☆☆ | ☆☆☆☆ | ☆☆☆☆☆
☆☆☆ | ☆☆☆☆ | ☆☆☆☆☆
☆☆☆ | ☆☆☆☆ | ☆☆☆☆☆

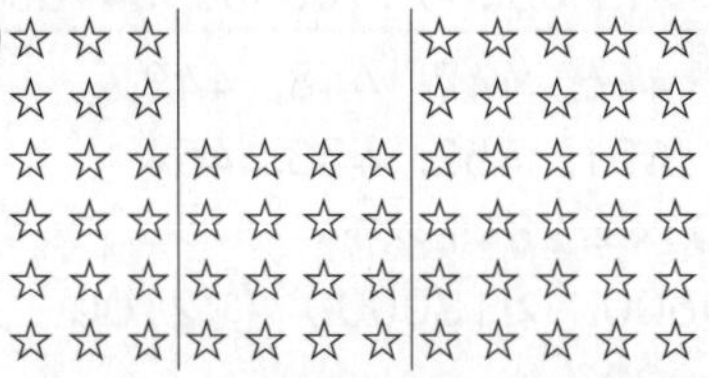

とき方

1 (1)，(2)は交換法則を使います。
■+▲=▲+■，■×▲=▲×■
(1) 3789×458=458×3789
(2)交換法則は，３つの数の計算にもあてはまります。
13×67×178=13×178×67
(3)，(4)，(5)は分配法則を使います。
(■+▲)×●=■×●+▲×●
(■−▲)×●=■×●−▲×●
(3)(949+145)×63=949×63+145×63

2 何百の数をつくって，計算をかん単にします。
(1) 25×152×4=25×4×152
=100×152
=15200
(2) 135+52+65+248=135+65+52+248
=200+300
=500

(3)分配法則を使って，( )を使った式にまとめて考えます。
13×64+13×36=13×(64+36)
=13×100
=1300
(4) 99 を(100−1)とみることで，分配法則を使って考えます。
99×42=(100−1)×42
=100×42−1×42
=4200−42
=4158

3 (1)□×4+23=55
□×4=55−23
□×4=32
□=32÷4
□=8
(3)(□+3)×2=26
□+3=26÷2
□+3=13
□=13−3
□=10

4 (1) 2×3，4×12，2×5 にあたる部分は，それぞれどこになるかを見つけます。
特に，いちばん大きい 4×12 がどこにあたるかを調べると，下の部分にあたることがわかります。
(2) 6×5 がどこの部分にあたるかを見つけます。
たてに６つ，横に５つの長方形にならぶ☆を調べます。

ハイクラス

p.12〜13

1 (1)500 (2)9168 (3)99
(4)14200 (5)54000

2 (1)64 (2)2 (3)18 (4)192 (5)50
(6)5

3 (1) 79×9=(70+9)×9
=70×9+9×9
=630+81
=711
(2) 96÷3=(90+6)÷3
=90÷3+6÷3
=30+2
=32
(3) 707÷7=(700+7)÷7
=700÷7+7÷7
=100+1
=101

4 (1)+, ＋ (2)×, ＋, × (3)×, ×
5 (1)25 (2)37
6 13

とき方

1 (1)12+19+28+47+41+59+53+72+81+88
=100+100+100+100+100=500
(2)分配法則を使って，( )を使った式にまとめて計算します。
23×24+135×24+24×224
=(23+135+224)×24
=382×24
=9168
(3)5×7×99−2×17×99
=(5×7−2×17)×99
=(35−34)×99
=99
(4)1019×17−56×28−19×17−28×44
=(1019−19)×17−(56+44)×28
=1000×17−100×28
=100×(170−28)
=100×142
=14200
(5)299×(29+31+30)+301×(30+29+31)
=299×90+301×90
=(299+301)×90
=600×90
=54000

2 (3)(27−□)×6+46=100
(27−□)×6=100−46
(27−□)×6=54
27−□=54÷6
27−□=9
□=27−9
□=18
(4)777−□÷8÷4=771
[ ]を1つの数として考えると，
777−[ ]=771
[ ]=777−771
[ ]=6
□÷8÷4=6
□÷8=6×4
□=24×8
□=192
(5)計算できるところは先に計算しておきます。
40+□÷(8−3×2)=65
40+□÷2=65
□÷2=65−40
□÷2=25
□=25×2
□=50

3 (1)79を 79=70+9 と分け，分配法則を使って計算します。
(2)かけ算と同じように，わり算でも分配法則を使うことができます。

4 (3)9×4÷(6÷2) では，( )の前が÷なので，( )の中のわり算は，( )がなくなると，かけ算になります。

5 (1)5＊2=7×5−5×2=35−10=25
(2)6＊(3＊4)=6＊(7×3−5×4)=6＊1
=7×6−5×1=37

6 2☆3=(2+3)×2+3=5×2+3=10+3=13

4 がい数と見積もり

標準クラス p.14〜15

1 (1)百の位(くらい) (2)千の位 (3)百の位 (4)百の位

2

上から2けた	68000	180000	550000
千の位まで	68000	185000	549000

3 445，446，447，448，449，450，451，452，453，454

4 2750以上(いじょう) 2849以下(いか)

5 (1)10600 (2)130000 (3)2100 (4)450000

6 (1)21000 (2)18000 (3)4200000 (4)30 (5)100 (6)500

とき方

1 (1)千の位までの数で表されているので，1つ下の位の百の位で四捨五入(ししゃごにゅう)していることがわかります。
(2)一万の位までの数で表されているので，1つ下の位の千の位で四捨五入していることがわかります。

2 548623を上から2けたのがい数にするときは，上から3けた目を四捨五入します。3けた目は8なので切り上げます。千の位までのがい数にするときは，百の位を四捨五入します。

3 一の位を四捨五入するとき，切り上げのいちばん小さい数は5，切り捨(す)てのいちばん大きい数は4です。

445 450 454 455

4 百の位までのがい数にするので，十の位を四捨五入します。切り上げのいちばん小さい数は 50，切り捨てのいちばん大きい数は 49 になります。

5 それぞれの式のたされる数とたす数，ひかれる数とひく数を(　)の位までのがい数にしてから計算します。

(1) 4500+6100
(2) 60000+70000
(3) 5000−2900
(4) 930000−480000

6 (1)それぞれの式のかけられる数とかける数を上から1けたのがい数にしてから計算します。
323×73 → 300×70=21000
(4)それぞれの式のわられる数とわる数を上から1けたのがい数にしてから計算します。
870÷29 → 900÷30=30

がい算
それぞれの数を求めようとするけた数のがい数にしてから計算します。

ハイクラス

p.16〜17

1 ウ，エ，オ
2 ㋐4500，5499　㋑4500，5500
3 (1)3　(2)7450，7549
4 イ
5 イ
6 19 箱
7 (1)15000　(2)360000　(3)20　(4)4.5　(5)4.3

とき方

1 千の位を四捨五入して 80000 になる数のはん囲は，75000 以上 85000 未満です。このはん囲の数を選びます。数直線の1目もりは 1000 です。
ウ 75000　エ 79000　オ 81000

2 「以下」と「未満」に気をつけて答えましょう。「以下」はその数をふくみ，それより小さい数をはん囲とします。5500(人)以下とすると，5500(人)をふくんでしまうので，それより1つ小さい数 5499(人)以下が答えです。

3 (1)一の位を四捨五入して 40 になる整数は，35，36，37，38，39，40，41，42，43，44
この中で4でわり切れる数は，36，40，44 の3こです。
(2) 7500 になるはん囲は，7450 から 7549 までです。大きい数のほうを 7550 とまちがえないようにしましょう。

4 かく実に全部買えるかどうかを考えるときは，ねだんを切り上げて計算します。
430 円 → 500 円，
750 円 → 800 円，
250 円 → 300 円 と切り上げてから，3つの数をたします。

5 1000=20×50 より，かけられる数とかける数が 20 と 50 より小さいとき，積が 1000 より小さくなります。

6 100 こずつ箱に入れ，100 未満の数も箱に入れるので十の位を切り上げると 1900 になります。
1900÷100=19

7 (1) 59000−15000−29000=15000
(2) 450000+280000−370000=360000
(3)小数でも，整数と同じように，それぞれの数を(　)の位までのがい数にしてから計算します。
12+8=20
(4) 1.7+2.8=4.5
(5) 8.7−4.4=4.3

5 わり算の筆算 ①

標準クラス

p.18〜19

1 (1)16　(2)21 あまり 2
(3)10 あまり 2　(4)14 あまり 4　(5)284
(6)54 あまり 4　(7)48　(8)103
(9)102 あまり 2
2 (1)2　(2)6　(3)4
3 (左から)3，1，322
4 (まちがいの説明の例)
・あまりがわる数の8より大きくなっています。
・商の一の位は9をたてなければいけないのに，8をたてています。
(正しい計算)

```
    59
8)474
  40
   74
   72
    2
```

5 8 こ
6 52 週間と1日

とき方

❷ (1)計算を続けてすると，□にはいる数がわかります。

```
     13
 4)5□ ← わり切れるので 2 がはいる
   4
   1□
   12 → 4×3=12 とわかっている
    0
```

❸ わり算の式が，○÷△=□ あまり ◎ のとき，たしかめの式は，△×□+◎=○

❺ 134÷9=14 あまり 8
あまりを答える問題です。
14 箱は，9 こずつボールがはいっていて，15 箱目には，8 こはいっています。これは，式の中では「あまり 8」となっている部分です。

❻ 1 週間は 7 日なので，
365÷7=52 あまり 1

ハイクラス

p.20~21

❶ (1)12 (2)100 (3)1012
❷ (1)3 (2)169 (3)68 (4)238
❸ 4
❹
(1)
```
     [1][7]
 4)7[0]
   4
   [3][0]
   [2]8
     2
```
(2)
```
      [7][8]
 7)[5]4[9]
   [4][9]
     5 9
    [5][6]
       3
```
(3)
```
      [9][3]
 9)[8][4]0
   [8]1
     3[0]
    [2][7]
       3
```
(4)
```
      [9][9]
 3)[2][9]7
   2 7
    [2][7]
    [2][7]
       0
```
(5)
```
     [1][0][2]
 6)[6][1]2
   [6]
     1[2]
    [1][2]
       0
```
(6)
```
     1[0][2]
 4)[4][0][8]
   [4]
       [8]
        8
        0
```

❺ 28 本
❻ 144 まい

とき方

❶ (2)111−(105÷7+17−7×3)
=111−(15+17−21)
=111−11
=100

(3)23×(20+79)÷9×4
=23×99÷9×4
=23×11×4
=253×4
=1012

❷ (1)114□=127×9=1143
(2)□×5+3=848
□×5=848−3
□×5=845
□=845÷5
□=169

❸ 3000÷8=375，4000÷8=500
であり，また，商の十の位が 2 なので，●は 4 とわかります。
▼は，8 をかけて一の位が 4 になる数なので，3 か 8 です。

❹ (2)
```
      [7][8]
 7)[5]4[9]
   [4][9]   ← 14−□=5 になる□は9です。
     5 9      一の位が9になるのは
    [5][6]    7×7=49
       3
```
というふうに考えて，わかる数からあてはめていきましょう。

❺ 体育館のまわりの長さは，
(45+25)×2=140(m)
この 140 m を 5 m ずつに区切るので，
140÷5=28(本)

❻ 1 人分の画用紙のまい数は，
72÷4=18(まい)
1 まいの画用紙から 8 まいのカードができるから
8×18=144(まい)

6 わり算の筆算 ②

標準クラス

p.22~23

❶ (1)6 (2)60 (3)22 (4)4
❷ (1)3 あまり 7 (2)3 あまり 14
(3)4 あまり 10 (4)4 (5)11
(6)34 あまり 20 (7)103 (8)99
(9)3 (10)4 (11)11
❸ (1)2589 (2)(すべて)9
❹ (1)16 時間 (2)90 箱
❺ 8 本

とき方

❷ (10)( )から先に計算します。

(2800÷25)÷28
　↓
　112　÷28=4

❸ (1)(わり算の式)○÷△=□あまり◎
(たしかめの式)△×□+◎=○
たしかめの式を使って，
40×64+29=2589

❹ (1) 1時間に900こつくっているので，
14400÷900で何時間かかるか求めることができます。
(2) 14400÷160で必要な箱の数を求めることができます。

❺ 1km50mを1050mになおして，150mと単位をそろえて計算します。
1050÷150=7

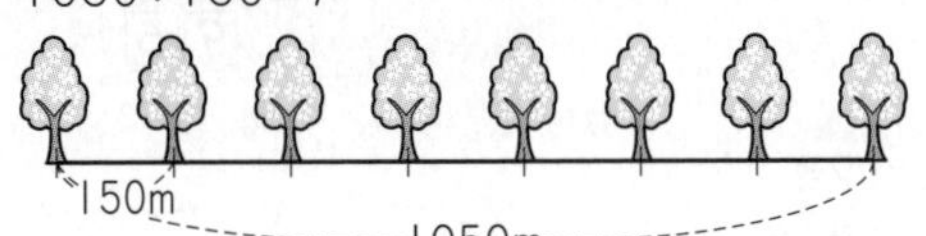

上の図のように，道の両はしに木を植えるので，
7+1=8(本)

ハイクラス　p.24〜25

❶ (1)830　(2)37　(3)60　(4)6　(5)293
❷ ア2，イ1
❸

```
          [8][6] 5
[1][9] ) [1][6][4][3][5]
          1 5 2
          [1][2][3]
            1 1 4
                [9][5]
                [9][5]
                    0
```

❹ 25または35
❺ 金曜日
❻ (左から)2，9，37

とき方

❷ わかるところから数をあてはめます。
29×□=□□2なので，29×8=232
次に，232+9=241なので，イは1
29×□<8[ア]となるのは，□が1か2か3ですが，8[ア]−□□=24になるのは，2しかありません。わられる数は，29×28+9=821なので，アは，2

❸ わる数を[ア][イ]とすると，[ア][イ]×5=□□なので，
ア=1
[1][イ]×□=152なので，[1][9]×[8]=152となって，イ=9

❹ 問題文のとおりに，□や○などを使って，式に表して考えます。
185÷□=○　あまり10
あまりのあるわり算のたしかめの式にあてはめます。
□×○+10=185
□×○=185−10=175=5×5×7
□は2けた，○は1けたの整数なので，□に入る数は25と35が考えられます。

❺ 1000÷7=142 あまり6
　↑　↑
1週間　土が142回
あまりが6なので，
日　月　火　水　木　金　土
　　　　　　　　　↑
1　2　3　4　5　6

❻ 7777÷60=129(分) あまり37(秒)
129÷60=2(時間) あまり9(分)

チャレンジテスト①　p.26〜27

① 百億の位
② (1)5　(2)106
③ (1)(左から)120，5，760
(2)(左から)81，63，2
④ (1)3366　(2)7956　(3)90000
(4)100
⑤ (1)4　(2)134　(3)432　(4)178
⑥ (1)(左から)4，12，3
(2)80
⑦ (例)・1mが298円なので約300円と考え，18mを約20mと考えます。
300×20=6000(円)なので，6000円で買えます。
・1mが298円なので約300円と考えます。
6000÷300=20
6000円で20mまで買えるので，18m買えます。

とき方

③ (1)分配法則を使って求めます。
(120+32)×5=120×5+32×5
(■+▲)×●=■×●+▲×●

④ (1) 99×34=(100−1)×34
=100×34−1×34
=3400−34=3366

(2) 102×78=(100+2)×78
=100×78+2×78
=7800+156
=7956

(3) 25×3600=25×4×900
=100×900
=90000

(4) 10000÷25÷4=10000÷(25×4)
=10000÷100
=100

⑤ (1)□×35+35×16=700
□×35=700−35×16
□×35=700−560
□×35=140
□=140÷35
□=4

(2)275×□+5=36855
275×□=36855−5
275×□=36850
□=36850÷275
□=134

(3)□÷24+256=274
□÷24=274−256
□÷24=18
□=18×24
□=432

(4)6052÷□−5×6=4
6052÷□=4+5×6
6052÷□=34
□=6052÷34
□=178

⑥ (1) 54 分 39 秒=(60×54+39)秒
=3279 秒
3279÷13=252(秒) あまり 3(秒)
252 秒を分と秒で表すと,
252÷60=4(分) あまり 12(秒)

(2) 8030÷103=77.…→ 80

⑦ 上から 1 けたのがい数にして考えます。
298 円 → 約 300 円, 18 m → 約 20 m
300×20=6000(円)
代金を多めに見積もって買えるので,
6000 円で買えることがわかります。

別のとき方 298 円 → 約 300 円として, 6000 円で何 m 買えるかを考えると,
6000÷300=20(m)
20 m＞18 m となり, 6000 円で買えることがわかります。

チャレンジテスト②

p.28～29

① (1)42 (2)45 (3)380 (4)55
(5)2 (6)151 (7)4

② (1)
```
       29
32 ) 928
     64
     288
     288
       0
```
(2)
```
       48
15 ) 726
     60
     126
     120
       6
```
(3)
```
        5
69 ) 411
     345
      66
```
(4)
```
       12
48 ) 579
     48
      99
      96
       3
```

③ 128

④ 1845

とき方

③ ある数を□として考えます。
(□×18+□×12)÷30=128
□×(18+12)=128×30
□×30=128×30
□=128×30÷30
□=128

④ ある数を□として考えます。
(□−45)÷256=7 あまり 8
わり算の答えのたしかめの式にあてはめて,
256×7+8=□−45
1792+8=□−45
1800+45=□
□=1845

7 小数のたし算とひき算

標準クラス

p.30～31

❶ (1)20.12 (2)4.85 (3)19.99

❷ (1)1.33 (2)14.66 (3)6.25
(4)2.99 (5)7.59 (6)10.83
(7)11 (8)11.68 (9)7.97

❸ (1)

0.12	0.02	0.16
0.14	0.1	0.06
0.04	0.18	0.08

(2)

0.06	0.01	0.08
0.07	0.05	0.03
0.02	0.09	0.04

4

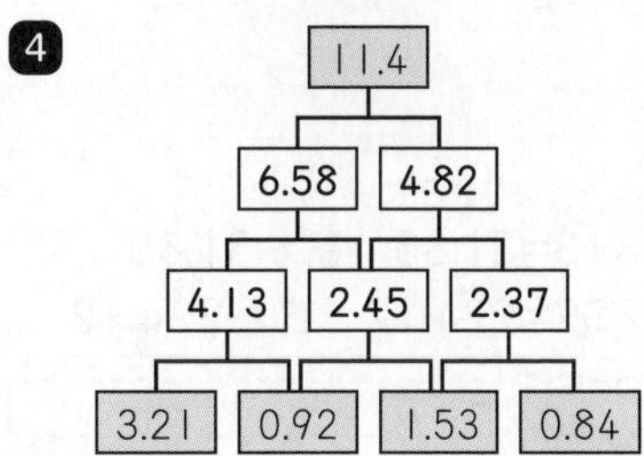

5 1.9 L

6 0.33 km

とき方

2 小数のたし算・ひき算は，小数点をそろえて筆算をします。
整数で位をそろえて計算するのと同じことです。
(3)小数第一位と小数第二位がまじっているときは，

```
  9.7[0]← 9.7 は 9.70 と
  2.3 6   置きかえることができます。
- 1.0 9
  6.2 5
```

3 (1)ななめにたすと，
0.12+0.1+0.08=0.3
たてにたしても，横にたしても，ななめにたしても 0.3 になるようにします。

5 3.5 L から 0.65 L と 0.95 L をひきます。
3.5−0.65−0.95=1.9(L)
別のとき方　0.65 L と 0.95 L を先にたして，3.5 L からひくこともできます。
3.5−(0.65+0.95)=1.9(L)

6

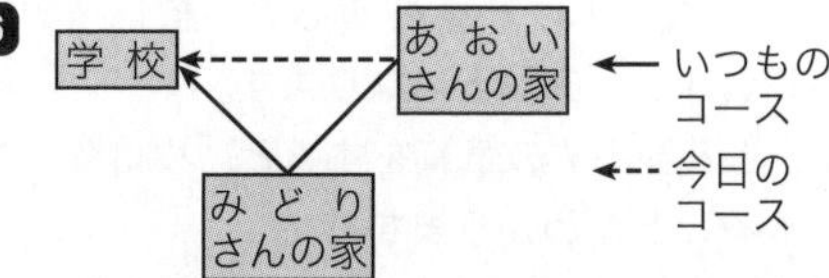

いつものコースは，
1.45+1.23=2.68(km)
今日のコースとの差は，
2.68−2.35=0.33(km)

ハイクラス p.32〜33

1 (1)1.51　(2)1.728　(3)0.215
(4)1.17　(5)17.275

2 (1)1.201　(2)5.775　(3)4.032

3 (1)0.593　(2)2.007　(3)16.734

4 (1)

0.002	0.011	0.014	0.007
0.013	0.008	0.001	0.012
0.003	0.01	0.015	0.006
0.016	0.005	0.004	0.009

(2)

0.02	0.3	0.2	0.16
0.28	0.08	0.1	0.22
0.14	0.18	0.32	0.04
0.24	0.12	0.06	0.26

5 21.4 cm

6 ある数 2.27
正しい答え 3.343

7 6.8 度

とき方

1 位をそろえて計算します。

```
(2)  2.5
   −0.772
    1.728
```

2 (1) 1 km+200 m+1 m を km の単位にそろえると，
1 km+0.2 km+0.001 km=1.201 km
(2) 5.4 t+375 kg を t の単位にそろえると，
5.4 t+0.375 t=5.775 t
(3) 3.78 L+252 mL を L の単位にそろえると，
3.78 L+0.252 L=4.032 L

4 たてと横とななめを見て，4 つの数がすべてわかるところをさがして，合計を出します。
次に 1 つだけ空らんになっているところをさがして，数をうめていきます。

5 6.46 cm の 10 さつ分は 6.46 の 10 倍なので，
64.6 cm
86−64.6=21.4(cm)

6 ある数は，4−1.730=2.27
正しい答えは，
2.27+1.073=3.343

7 今日は昨日より最高気温と最低気温の差が
1.4−0.5=0.9(度)ちぢまったので，今日の差は，
7.7−0.9=6.8(度)

8 小数のかけ算

標準クラス p.34〜35

1 (1)4.8　(2)10.2　(3)23　(4)22.8
(5)144.5　(6)288.1　(7)222.6

(8)214.6　(9)12　(10)8.1　(11)33
(12)42

2 (1)23.2 L　(2)87 L

3 (1)

```
     6.[2]
  ×  3 7
  ------
   4 3 4
 1[8]6
 ------
[2]2 9.4
```

(2)

```
     7.5
  × 4[8]
  ------
   6[0]0
 [3]0 0
 ------
 [3][6]0.0
```

4 70.8 m

5 53.3 m

6 31.6 kg

とき方

1 整数のかけ算と同じように計算し，かけられる数にそろえて，積の小数点をうちます。

(1)

```
   1.2
 ×   4
 -----
   4.8
```

(5)

```
    8.5
 ×  1 7
 ------
   59 5
   85
 ------
  144.5
```

(1)1.2×4 の積は，1.2 を 10 倍して 12×4 の計算をし，その積を 10 でわれば求められます。
1.2×4=12×4÷10=4.8

2 全部の水の量＝バケツ１こに入る水の量×バケツの数 にあてはめて考えます。
(1)5.8×4=23.2(L)
(2)5.8×15=87(L)

3 (1)[ア]×7 の一の位が４になるので，[ア]は２になります。
次に，62×3 を計算すると，186 になるので，[イ]は８，[ウ]は２になります。

```
     6.[ア]
  ×  3 7
  ------
   4 3 4
 1[イ]6
 ------
[ウ]2 9.4
```

5 1.5×35+0.8=52.5+0.8
=53.3(m)

6 4.8×7−2=33.6−2
=31.6(kg)

ハイクラス

p.36～37

1 (1)21.63　(2)18.84　(3)12.48
(4)68.88　(5)113.96　(6)2.73
(7)428.4　(8)445.5

2 (1)34　(2)845

3 (1)148.8　(2)518.98　(3)131.9
(4)48.56

4

```
    [6].8 2
  ×    5[7]
  ---------
   4 7 7 4
 3[4]1 0
 ---------
 3[8]8.7 4
```

5 113.4 kg

6 145 m

7 (1)(式)2.45×13=31.85　答え 31.85
(2)(式)4.31×52=224.12　答え 224.12

とき方

2 (1)分配法則を使って，6.8×○ の式にまとめます。
6.8×16−6.8×11=6.8×(16−11)
=6.8×5
=34
(2)8.45×28+72×8.45=8.45×(28+72)
=8.45×100
=845

3 (1)6.2×8×3=6.2×24
=148.8
(2)6.74×11×7=6.74×77
=518.98
(3)4.8×24+16.7=115.2+16.7
=131.9
(4)12.32+4.53×8=12.32+36.24
=48.56

4 2×イ の一の位が４になっているから，イにあてはまる数は，２か７になります。
次に，8×イ を見ると，一の位が７になっているから，2×イ の計算で十の位に１くり上がっていることがわかります。だから，イは７になります。
そして，ア82×7 の計算をすると，積は 4774 になることから，アは６になります。
最後に，6.82×57 の筆算をすると，ウは４，エは８になることがわかります。

```
    [ア].8 2
  ×    5[イ]
  ---------
   4 7 7 4
 3[ウ]1 0
 ---------
 3[エ]8.7 4
```

5 5.4×7+5.4×14=5.4×(7+14)
=5.4×21
=113.4(kg)

6 歩はば×歩数＝道のり になるから，
0.58×250=145(m)

7 (1)積がもっとも小さくなる場合は，かけられる数とかける数の大きな位から順に小さい数を入れていきます。
すると，1.35×24，1.45×23，2.35×14，2.45×13 の４つが考えられます。
これを計算すると，

1.35×24=32.4, 1.45×23=33.35
2.35×14=32.9, 2.45×13=31.85
になるので，積がもっとも小さくなるのは，
2.45×13 のときになります。

(2)積がもっとも大きくなる場合は，(1)の場合とは反対に，かけられる数とかける数の大きな位から順に大きい数を入れていきます。
すると，5.21×43，5.31×42，4.31×52，4.21×53 の場合が考えられます。
これを計算すると，
5.21×43=224.03，5.31×42=223.02
4.31×52=224.12，4.21×53=223.13
になるので，積がもっとも大きくなるのは，
4.31×52=224.12 のときになります。

9 小数のわり算

標準クラス

p.38～39

1 (1)(左から)10，0.6
(2)(左から)84，2.1

2 (1)1.7 (2)2.4 (3)2.8 (4)3.7 (5)7.8
(6)7.5 (7)0.2 (8)0.25 (9)2.75 (10)0.15
(11)0.12 (12)0.35

3 (1)1.6 あまり 3.2
(2)3.0 あまり 1.1
(3)1.1 あまり 1.3

4 (1)2.5 (2)2.1 (3)7.0

5 5.4 cm

6 0.4 kg

とき方

1 (1)小数の計算を整数の計算になおして考えます。
1.8÷3=18÷3÷10=0.6
(2) 8.4÷4=84÷4÷10=2.1

2 (1)～(6)整数のわり算と同じように計算し，わられる数にそろえて，商の小数点をうちます。

(1)
```
   1.7
5)8.5
  5
  35
  35
   0
```
(4)
```
   3.7
9)33.3
  27
   63
   63
    0
```

(7)～(9)商が整数ではわり切れないので，わり切れるまで計算を続けます。

(7)
```
    0.2
35)7.0
   70
    0
```
(9)
```
     2.75
24)66.00
   48
   180
   168
    120
    120
      0
```

3 商やあまりの小数点は，わられる数の小数点にそろえてうちます。

(3)
```
    1.1
34)38.7
   34
    47
    34
    1.3
```

4 小数第二位を四捨五入します。
(1) 68÷27=2.51… となるので，小数第二位の1を四捨五入すると，商は 2.5 になります。

5 正方形のまわりの長さ＝1辺の長さ×4 なので，
21.6÷4=5.4(cm)

6 7.2÷18=0.4(kg)

ハイクラス

p.40～41

1 (1)0.246 (2)4.7592 (3)0.98
(4)1.24 (5)0.0025 (6)0.48

2 (1)0.06 あまり 0.03
(2)0.14 あまり 0.02
(3)0.14 あまり 0.06
(4)0.31 あまり 0.09
(5)0.57 あまり 0.73
(6)3.18 あまり 0.06

3 (1)0.50 (2)0.80 (3)0.46 (4)0.34
(5)1.28 (6)1.54

4 (1)10 倍 (2)4.3 あまり 4.7 (3)4.4

5 (1)0.14 km (2)6.3 km

6 (例)ある数を□とすると，
□×17=140.42 より，
□=140.42÷17
□=8.26
正しい式は □÷17 なので，
8.26÷17=0.485…
小数第三位を四捨五入すると，0.49

とき方

2 商やあまりの小数点は，わられる数の小数点にそろえてうちます。

(3)
$$\begin{array}{r} 0.14 \\ 27\,\overline{)\,3.84} \\ 27 \\ \hline 114 \\ 108 \\ \hline 0.06 \end{array}$$

3 (4) 15.41÷46=0.335
小数第三位の5を四捨五入すると，0.34

4 (1)わられる数が10倍になると，
241.2÷55=24.12÷55×10より，
商も10倍になります。
(2)商は4.38…となるので，4.3あまり4.7になります。
(3)小数第二位の数は8になります。
四捨五入すると商は4.4になります。

5 (1) 1分間に歩いた道のりは2.24÷16で求められます。
2.24÷16=0.14(km)
(2) 0.14×45=6.3(km)

10 分数の種類

標準クラス

p.42～43

1 (1) $2\frac{1}{6}$ (2) $3\frac{2}{3}$ (3) 3 (4) $\frac{19}{10}$ (5) 5
(6) $\frac{26}{7}$ (7) $4\frac{5}{12}$ (8) $\frac{91}{15}$ (9) 6

2 (1)(左から)10，15，20，25，6
(2)(左から)18，5，7，48，10
(3)(左から)2，9，4，5，18
(4)(左から)14，21，4，5，42

3 (1) $\frac{7}{10}$ (2) 1.4 (3) $4\frac{1}{4}$ (4) $2\frac{5}{6}$ (5) $\frac{17}{10}$
(6) $6\frac{8}{15}$

4 (1) $1\frac{5}{9} \to \frac{11}{9} \to 1 \to 0.9$
(2) $1.5 \to \frac{14}{10} \to 1 \to \frac{9}{10} \to \frac{2}{10}$

5 (1) 16 (2) 23 (3) 0.47 (4) 13.4

6 ㋐分数 $\frac{2}{10}$，小数 0.2
㋑分数 $\frac{6}{5}$，小数 1.2
㋒分数 $\frac{5}{2}$，小数 2.5

とき方

1 (1) 13÷6=2 あまり1 なので，$2\frac{1}{6}$
(3) 24÷8=3
(4) 10×1+9=19 なので，$\frac{19}{10}$

2 (1)，(2)整数を仮分数(かぶんすう)になおす問題です。
帯分数(たいぶんすう)を仮分数になおすやり方と同じで，分母に整数をかけると分子になります。
整数は分母が1の分数で，$5=\frac{5}{1}$ です。
(3)，(4)同じ大きさの分数にする問題です。
ある分数の分母と分子に同じ数をかけても，同じ大きさの分数です。
$\frac{1}{3}=\frac{1\times2}{3\times2}=\frac{2}{6}$

3 (1) 0.6を分数になおします。
0.6は1を10こに分けた6こ分なので，$\frac{6}{10}$ と表せます。
(2) 1.4は0.1が14こ分なので，$\frac{14}{10}$ と表せます。
(3) $\frac{12}{3}=\frac{4}{1}=4$
(5) 0.01は1を100こに分けた1つ分と考えます。0.17は1を100こに分けた17こ分で，$\frac{17}{100}$

6 分数で表すときには，1をいくつ分に分けたかで分母が決まります。㋐では，10等分，㋑では5等分，㋒では2等分して考えます。

㋐は $\frac{2}{10}$ なので，小数では0.2です。㋑は $\frac{1}{5}$ を単位(たんい)として考えます。$\frac{1}{5}$ が6こ分なので，$\frac{6}{5}$ です。これは，$\frac{12}{10}$ と同じ大きさの分数です。

ハイクラス

p.44～45

1 (1) $\frac{1}{6}$ (2) $\frac{2}{5}$ (3) $\frac{8}{7}$ (4) $\frac{4}{9}$ (5) $\frac{13}{5}$
(6) $\frac{3}{17}$

2 (1) $\frac{19}{10}\left(1\frac{9}{10}\right)$ (2) $\frac{147}{100}\left(1\frac{47}{100}\right)$ (3) $\frac{769}{1000}$
(4) 0.6 (5) 0.75 (6) 0.375

❸ 23

❹ $\frac{1}{3}$ と $\frac{2}{6}$，$\frac{2}{3}$ と $\frac{4}{6}$，$\frac{1}{2}$ と $\frac{2}{4}$ と $\frac{3}{6}$

❺ $\frac{2}{5} \to 0.2 \to \frac{1}{10}$

❻ (1) $\frac{1}{2}$　(2) $\frac{1}{10}$　(3) $\frac{3}{10}$　(4) $1\frac{7}{10}\left(\frac{17}{10}\right)$

(5) $\frac{1}{100}$　(6) $\frac{5}{24}$

❼ $\frac{3}{4}$

❽ (1) 530 m　(2) 1200 m

❾ $4\frac{1}{3}$

とき方

❶ わり算の商を分数で表すには，■÷▲＝$\frac{■}{▲}$ で表します。

(1) $1\div6=\frac{1}{6}$

❷ (1) $1.9=0.1\times19=\frac{19}{10}$

(2) $1.47=0.01\times147=\frac{147}{100}$

(3) $0.769=0.001\times769=\frac{769}{1000}$

(4) $\frac{3}{5}=3\div5=0.6$

(5) $\frac{3}{4}=3\div4=0.75$

(6) $\frac{3}{8}=3\div8=0.375$

❸ 0.1 は $\frac{1}{10}$ です。

0.1 が 23 こで 2.3 になります。

❹ $\frac{1}{2}=\frac{1\times2}{2\times2}=\frac{1\times3}{2\times3}$

$\frac{1}{3}=\frac{1\times2}{3\times2}$

$\frac{2}{3}=\frac{2\times2}{3\times2}$

分子と分母に同じ数をかけても，分数の大きさは変(か)わりません。

❺ 0.2 は $\frac{2}{10}$，$\frac{2}{5}$ は $\frac{4}{10}$ と考えます。

❻ (1) 30 分は 1 時間(60 分)の半分です。

(3) $\frac{300}{1000}$ でも正かいですが，分母と分子を 100 でわって，$\frac{3}{10}$ とします。

(6) 1 日は 24 時間です。

❼ 4 つ合わせた分数を $\frac{□}{4}$ と考えると，3 になる分数は，分子が 12 になります。

分子の 12 を 4 でわって，$\frac{3}{4}$ になります。

❽ 1.5 km の $\frac{2}{5}$ は，1.5 km を 5 つに分けた 2 つ分，$\frac{4}{5}$ は，5 つに分けた 4 つ分のことです。

(1) 1.5 km＝1500 m
1500÷5＝300　300×2＝600
600−70＝530(m)

(2) 300×4＝1200(m)

❾ アが 2 のとき，1 目もりは 2 と 3 の間を 3 つに分けた 1 つ分だから，$\frac{1}{3}$ となり，↓は $4\frac{1}{3}$ になります。

11 分数のたし算とひき算

標準クラス　p.46〜47

❶ (1) $\frac{7}{5}\left(1\frac{2}{5}\right)$　(2) $\frac{8}{7}\left(1\frac{1}{7}\right)$　(3) $\frac{11}{8}\left(1\frac{3}{8}\right)$

(4) $2\frac{2}{5}\left(\frac{12}{5}\right)$　(5) $3\frac{2}{7}\left(\frac{23}{7}\right)$　(6) $4\frac{1}{3}\left(\frac{13}{3}\right)$

❷ (1) $\frac{2}{5}$　(2) $\frac{7}{3}\left(2\frac{1}{3}\right)$　(3) $\frac{17}{6}\left(2\frac{5}{6}\right)$

(4) $2\frac{2}{4}\left(\frac{10}{4}\right)$　(5) $1\frac{4}{8}\left(\frac{12}{8}\right)$　(6) $4\frac{4}{9}\left(\frac{40}{9}\right)$

❸ (1) $\frac{3}{8}$　(2) 1　(3) $\frac{9}{5}\left(1\frac{4}{5}\right)$　(4) $\frac{1}{6}$

❹ (1) $\frac{23}{9}\left(2\frac{5}{9}\right)$　(2) $\frac{19}{9}\left(2\frac{1}{9}\right)$

❺ $\frac{6}{5}$ m$\left(1\frac{1}{5}\text{ m}\right)$

❻ $\frac{23}{13}$ km$\left(1\frac{10}{13}\text{ km}\right)$

とき方

❶ 分母が等しい分数のたし算は，分母はそのままにして，分子だけをたします。答えが仮分数(かぶんすう)になった場合は，帯分数(たいぶんすう)になおしてもよいです。

❷ (2)ひかれる数が整数なので，分母が 3 の分数になおして計算します。

$3-\frac{2}{3}=\frac{9}{3}-\frac{2}{3}=\frac{7}{3}$

❸ 3つの数の計算でも，分母が等しい分数の計算は，分母はそのままにして，分子どうしをたしたりひいたりします。

❹ (1)まちがえてたしたのだから，3から $\frac{4}{9}$ をひくともとの数がわかります。

$3-\frac{4}{9}=\frac{27}{9}-\frac{4}{9}=\frac{23}{9}\left(2\frac{5}{9}\right)$

❺ 4つの数の計算で考えます。

$4-\left(\frac{8}{5}+\frac{3}{5}+\frac{3}{5}\right)=\frac{6}{5}$(m)

❻ 3kmから，たかしさんとゆう子さんが歩いたきょりの和をひきます。

$3-\left(\frac{9}{13}+\frac{7}{13}\right)=\frac{39}{13}-\frac{16}{13}=\frac{23}{13}$(km)

ハイクラス

48〜49

❶ (1)$7\frac{3}{4}\left(\frac{31}{4}\right)$　(2)$4\frac{2}{5}\left(\frac{22}{5}\right)$

(3)$2\frac{1}{5}\left(\frac{11}{5}\right)$　(4)$3\frac{4}{7}\left(\frac{25}{7}\right)$

❷ (1)$3\frac{4}{7}$ 時間$\left(\frac{25}{7}\right.$ 時間$\left.\right)$

(2)$5\frac{2}{7}$ 時間$\left(\frac{37}{7}\right.$ 時間$\left.\right)$

❸ (1)4 m…$\frac{4}{3}$ m$\left(1\frac{1}{3}\right.$ m$\left.\right)$

5 m…$\frac{5}{3}$ m$\left(1\frac{2}{3}\right.$ m$\left.\right)$

(2)4 m

❹ (1)$3\frac{4}{6}\left(\frac{22}{6}\right)$　(2)2　(3)$5\frac{1}{4}\left(\frac{21}{4}\right)$

(4)$3\frac{8}{9}\left(\frac{35}{9}\right)$

❺ (1)$3\frac{5}{7}\left(\frac{26}{7}\right)$　(2)$3\frac{4}{7}\left(\frac{25}{7}\right)$

❻ (1)$4\frac{1}{6}$ m$\left(\frac{25}{6}\right.$ m$\left.\right)$　(2)$\frac{5}{6}$ m

とき方

❶ 帯分数と仮分数の計算は，帯分数と帯分数，または，仮分数と仮分数になおして計算します。帯分数どうしの計算は，整数部分と分数部分に分けて計算します。

❸ (1)4 mを $\frac{1}{3}$ にすると，4 mを3つに分けた1つ分の大きさになるから，4÷3で $\frac{4}{3}$(m)

(2)$\frac{3}{3}+\frac{4}{3}+\frac{5}{3}=\frac{12}{3}=4$(m)

❺ (1)ある分数を□とすると，

□$-\frac{3}{7}-\frac{2}{7}=3$ になるから，

□$=3+\frac{3}{7}+\frac{2}{7}=3\frac{5}{7}$ になります。

(2)正しく計算したときの式は，

$3\frac{5}{7}-\frac{3}{7}+\frac{2}{7}=3\frac{4}{7}$ です。

❻ (1)2人が使ったリボンの長さは，

$\frac{8}{6}+2\frac{5}{6}=4\frac{1}{6}$(m) です。

(2)$5-4\frac{1}{6}=\frac{5}{6}$(m)

チャレンジテスト③

p.50〜51

① (1)
$$\begin{array}{r} 6.\boxed{2}4\boxed{5} \\ -\ 2.8\boxed{4}7 \\ \hline \boxed{3}.398 \end{array}$$
(2)
$$\begin{array}{r} 2.7\boxed{5}\boxed{7} \\ +\ 6.\boxed{3}96 \\ \hline \boxed{9}.153 \end{array}$$

② (1)499.5　(2)10.9

③ (1)74.2　(2)34　(3)14.7　(4)63.9

(5)9.8

④ 3.4 kg

⑤ (1)$\frac{9}{6}\left(1\frac{3}{6}\right)$　(2)$\frac{5}{7}$　(3)4　(4)$3\frac{2}{6}\left(\frac{20}{6}\right)$

⑥ $\frac{12}{5}$ km$\left(2\frac{2}{5}\right.$ km$\left.\right)$

⑦ 399 km

⑧ 0.4 m

とき方

② (1)0.35+378.9+120.24=499.49

499.49の小数第二位を四捨五入して，答えは，499.5

③ 小数のときも整数と同じように，(　)があるときは，(　)の中を先に計算します。かけ算・わり算とたし算・ひき算がまじった計算では，かけ算・わり算を先にします。

(1)2.5×6+7.4×8=15+59.2=74.2

(4)6.7×9+(4−3.2÷8)=60.3+(4−0.4)

=60.3+3.6=63.9

④ 11.8 kgの米を同じ量ずつ4つに分け，0.45 kgの箱に入れるので，

11.8÷4+0.45=3.4(kg)

⑥ けい察からゆう便局までのきょりは，$\left(2-\frac{2}{5}\right)$km

だから，駅からゆう便局までのきょりは，

$\frac{4}{5}+\left(2-\frac{2}{5}\right)=\frac{12}{5}$(km) になります。

⑦ 1日に走るきょりは 9.5×3=28.5(km) です。
2週間走るのだから，28.5×14=399(km)

⑧ 2つのテープを合わせると，
3.65+4.25=7.9(m)
全体で 7.5 m だから，つなぎ目は，
(3.65+4.25)−7.5=0.4(m)

チャレンジテスト④

p.52～53

① (1)3.32 (2)79，0.79 (3)9，0.9 (4)$\frac{7}{15}$

② (1)0.97 (2)5.14

③ (1)0.37 あまり 0.01
(2)5.37 あまり 0.1

④ 約169 m

⑤ $3\frac{5}{7}$ m$\left(\frac{26}{7}\text{ m}\right)$

⑥ 1.6 L

⑦ $\frac{3}{9}$ 時間

とき方

① (1)小数第三位までの小数のたし算・ひき算です。

```
  5.002      3.312
 −1.69      +0.008
  3.312      3.32
```

② 小数第二位まで求めるので，小数第三位を四捨五入します。
(1) 8.7÷9=0.966…
小数第三位の6を四捨五入して 0.97

③ あまりの小数点は，わられる数の小数点にそろえます。

```
(1)      0.37
   34 ) 12.59
        10 2
         2 39
         2 38
         0.01
```

④ 0.65×260=169(m)

⑤ 2つのテープの長さを合わせてつなぎ目の長さをひきます。

$2\frac{5}{7}+\frac{9}{7}-\frac{2}{7}=3\frac{5}{7}$(m)

⑥ 9分間にはいる水の量は，
1.85×9=16.65(L)
これを入っていた水の量からひいて，
18.25−16.65=1.6(L)

⑦ バスと電車に乗った時間は，

$1\frac{2}{9}+\frac{5}{9}=1\frac{7}{9}$(時間)

これを全部でかかった時間からひいて，

$2\frac{1}{9}-1\frac{7}{9}=\frac{3}{9}$(時間) になります。

12 整理のしかた

標準クラス

p.54～55

1 (1)㋐ 15 ㋑ 3 ㋒ 41 ㋓ 22 ㋔ 142
(2) 3年 (3)ねんざ
(4)すりきず (5)142人

2 (1) 1人

兄と姉調べ

		兄		合計
		いる人	いない人	
姉	いる人	1	9	10
	いない人	7	15	22
合計		8	24	32

(2) 18人

妹と弟調べ

		妹		合計
		いる人	いない人	
弟	いる人	2	5	7
	いない人	7	18	25
合計		9	23	32

3

動物園の入園者数調べ

	男	女	計
大人	107	99	206
子ども	106	138	244
計	213	237	450

とき方

1 (1)横やたての合計から空らんの数がわかります。
たとえば，㋐の1年のすりきずは，
27−(6+4+2)=15(人)
㋓の4年の合計は，8+5+8+1=22(人)

3 女−女の子ども＝女の大人 なので，
237−138=99(人)
大人−女の大人＝男の大人 なので，
206−99=107(人)
子ども−女の子ども＝男の子ども なので，
244−138=106(人)

ハイクラス

p.56〜57

1 (1)

7でわる＼4でわる	わり切れる	わり切れない	計
わり切れる	3	11	14
わり切れない	22	64	86
計	25	75	100

(2)**4でも7でもわり切れる整数のこ数**
(3)**28，56，84**

2

飲み物＼べん当	サンドイッチ	おむすび	おすし	計
お 茶	6	9	6	21
ジュース	15	0	4	19
計	21	9	10	40

3 (1)**8人** (2)**27人**
4 (1)**第3問だけ正かい**
第1問と第2問だけ正かい
(2)**7人**

とき方

1 100までの整数で，4でわり切れる整数のこ数は，100÷4=25 だから，25こ
100までの整数で，7でわり切れる整数のこ数は，100÷7=14 あまり2 だから，14こ
4でわり切れる整数
→4，8，12，16，20，24，(28)，…
7でわり切れる整数
→7，14，21，(28)，35，…
どちらにもあるいちばん小さい数は28なので，4でも7でもわり切れる整数は，28でわり切れる整数になります。
100までの整数で，28でわり切れる整数のこ数は，100÷28=3 あまり16 だから，3こ
次のように考えて，表に数を入れます。
・4でも7でもわり切れる整数→3こ
・4でわり切れて，7ではわり切れない整数
→25−3=22(こ)
・7でわり切れて，4ではわり切れない整数
→14−3=11(こ)

2 問題文からわかる数を表に入れます。

飲み物＼べん当	サンドイッチ	おむすび	おすし	計
お 茶	6	9	㋒	21
ジュース	㋐	0	㋓	19
計	21	㋑	㋔	40

㋐サンドイッチとジュースを注文した人は，
21−6=15(人)
㋑おむすびとお茶を注文した人は9人で，おむすびとジュースを注文した人はいませんでした。
このことから，おむすびの列は9，0で，おむすびを注文した人の合計は9人
㋒お茶を注文した人は21人なので，お茶の横の計は21人です。
このことから，おすしとお茶を注文した人は，
21−(6+9)=6(人)
㋓ジュースの横の計は19人です。
このことから，おすしとジュースを注文した人は，19−(15+0)=4(人)
㋔㋒が6人，㋓が4人なので，
6+4=10(人)

表にまとめると数の関係(かんけい)がよくわかります。表のたての数字を見たり，横の数字を見たりすることで，わからなかった数をかん単(たん)に見つけることができます。

3 (1)・同じ種目(しゅもく)は選(えら)べません。
・1回目バスケットボール，2回目たっ球
→2人
というじょうけんで表を見ていきます。
（1回目）　（2回目）
たっ球14人 ＜ バスケ□人／ドッジ□人
バスケ15人 ＜ たっ球2人／ドッジ□人
ドッジ22人 ＜ たっ球□人／バスケ□人
（たっ球2人＋たっ球□人）→10人
1回目にたっ球を選んだ14人は，2回目はバスケットボールかドッジボールしか選べません。
2回目にたっ球を選んだ人は，合わせて10人なので，
10−2=8(人)
(2)バスケ15人┬たっ球2人
└ドッジ□人← 15−2=13(人)
ドッジ22人┬たっ球8人
└バスケ□人← 22−8=14(人)

Ｉ回目バスケットボール，２回目ドッジボールの人は１３人。
Ｉ回目ドッジボール，２回目バスケットボールの人は１４人。

4 (2)第３問ができた人の点数は，５点，７点，８点，１０点の４通りが考えられます。
７点，８点，１０点の人の人数の合計は，
8+3+1=12(人)
５点は(1)より，第３問ができていない場合も考えられるので，第３問だけできた人の人数は，
19−12=7(人)

13 折れ線グラフ

標準クラス p.58〜59

1 (1)0.2度 (2)23.4度
(3)午前１１時から正午までの間で，1.6度
(4)午後５時から午後６時までの間で，1.4度
(5)午後２時から午後３時までの間

2 (1)エ (2)ア (3)イ (4)ウ

3 ぼうグラフ イ，ウ
折(お)れ線グラフ ア，エ

4 西町の人口

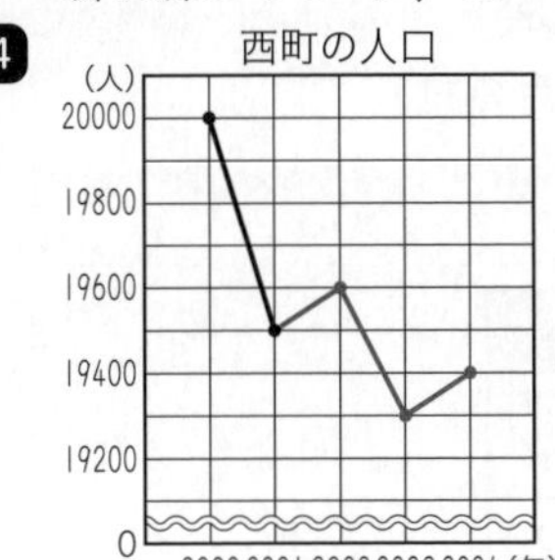

とき方

1 (1)５目もりで１度なので，１目もりは0.2度です。
(3)折れ線のかたむきが右上がりのとき，気温が上がっています。このかたむきのいちばん大きいものをさがします。
(4)折れ線のかたむきが右下がりのとき，気温が下がっています。このかたむきのいちばん大きいものをさがします。

3 数の大小を表すのには，ぼうグラフがてきしています。
数の変化(へんか)を表すのには，折れ線グラフがてきしています。

4 四捨五入(ししゃごにゅう)した数は，

2000年	2001年	2002年	2003年	2004年
20000	19500	19600	19300	19400

ハイクラス p.60〜61

1 (1)５日目，７倍 (2)４日目，$\frac{1}{6}$

2 グラウンド１周のタイム

3 (1)

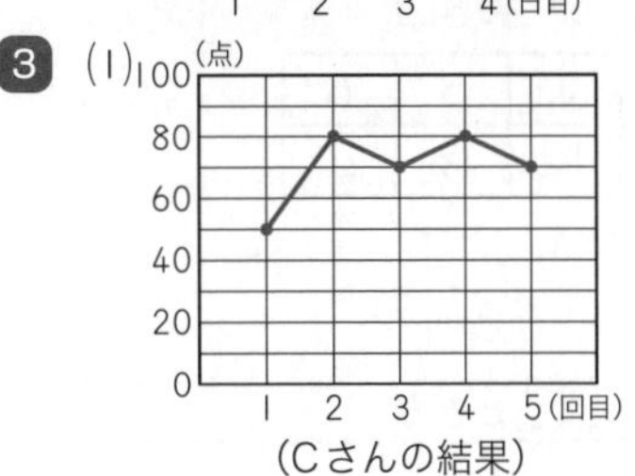

(Cさんの結果)

(2)

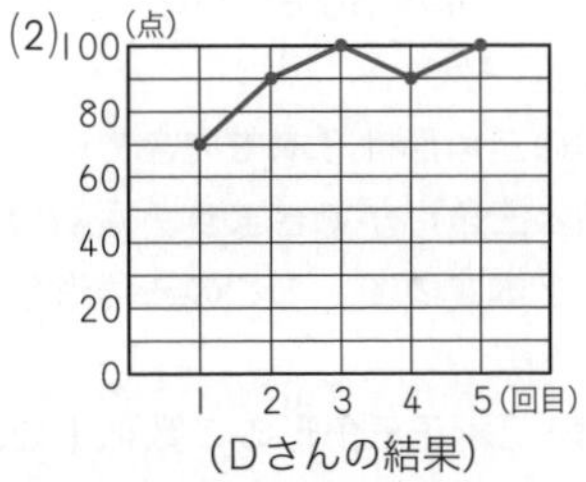

(Dさんの結果)

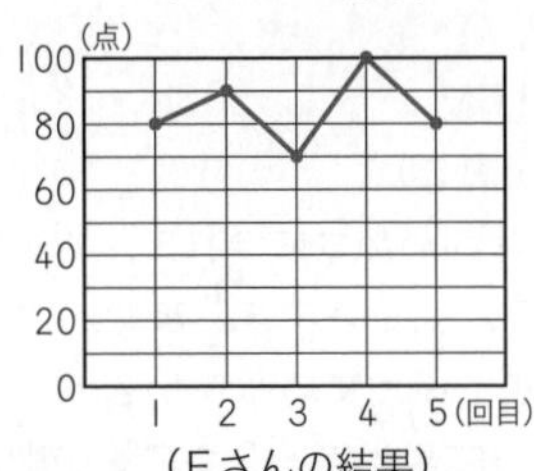

(Eさんの結果)

とき方

1 (1)いちばん少ないのは４日目の４本です。
いちばん多いのは５日目の28本だから，
28÷4=7(倍)

2 分を秒にかえて，くらべやすくします。
１日目…130秒
２日目…80秒(50秒タイムがちぢんだので)
３日目…160秒(80秒の２倍のタイム)
４日目…90秒(160秒より70秒はやいので)
グラフのたての１目もりは10秒です。

3 グラフのたての１目もりは10点です。

14 変わり方

標準クラス

p.62〜63

1 (1)㋐90　㋑150
(2)○=30×□

2 (1)

3	4	5
7	9	11

(2)21本　(3)27こ　(4)2×□+1

3 (1)

3	4	5
9	12	15
18	24	30

(2)水の量(りょう)60 L，水面の高さ120 cm
(3)△=3×□，○=6×□

4 (1)

2	3	4	5	6
4	8	12	16	20

(2)△=(□−1)×4
(3)26こ

とき方

1 (1)1mが30円，2mが60円から，3mは90円，5mは150円

2 はじめの1つ目の三角形は3本でできています。次は2本加(くわ)えると三角形ができます。最初(さいしょ)の1本を固定(こてい)すれば，2本ずつで，1この三角形ができます。
(2)ひごの本数は，2×正三角形のこ数に1をたしたものなので，
2×10+1=21(本)
(3)(55−1)÷2=27(こ)

3 (1)1分，2分と時間がたつにつれて，水の量は3Lずつふえていっています。また，水面の高さも，6cmずつふえていっています。このように，ともなって変化(へんか)する2つの量の関係(かんけい)は，変化のようすを表に表して考えると，わかりやすくなります。
(2)水の量は1分間に3Lずつ，高さは6cmずつふえることから，
3×20=60(L)　6×20=120(cm)

ともなって変(か)わる量の変化のようすを考えるために，まず，「何」と「何」がともなって変わるのか，その2つの量を見つけることが必要(ひつよう)です。次に，見つけた2つの量を表に表し，変化のようすを見ます。
三角形が1こから2こ，3こに変化するとき，ひごの数が2本ずつふえています。
ぎゃくに，2本ずつへらしていくと，三角形が1このとき，1本多いことに気づきます。
しかし，水の量の問題では，1分の場合も同じ量になっています。
このように，ともなって変わる2つの量の変化のようすは，それぞれの場合でちがっており，上のように見ることが必要です。

4 正方形は，4つの辺(へん)の長さが同じです。
このことを使って，問題を考えます。
1辺の数が4この場合，各辺(かくへん)のおはじきの数を等しくするために，1つへらして，3にすることで各辺の数が3にそろいます。
このように，1辺のおはじきの数を1へらした数を各辺の数と見れば，まわりの数は各辺の数を4倍することで求(もと)めることができます。
(3)(□−1)×4=100
□−1=100÷4
□−1=25
□=25+1
□=26(こ)

チャレンジテスト⑤

p.64〜65

① (1)8月から9月の間
(2)10月から11月の間
(3)2倍

② (1)5人　(2)13人
(3)

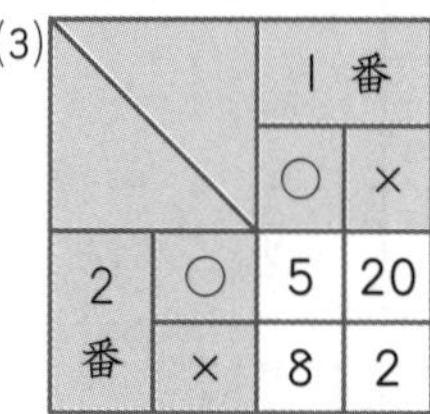

		1番	
		○	×
2番	○	5	20
	×	8	2

③ (1)

3	4	5
10	13	16

(2)31本　(3)23こ
(4)△=3×□+1

④ (1)青21まい　白15まい
(2)8だん

とき方

① 折(お)れ線(せん)グラフを読み取ります。
(1)グラフのかたむきがいちばん急な右上がりのところが，ふえ方がいちばん大きくなります。
(2)グラフのかたむきがいちばん急な右下がりのところが，へり方がいちばん大きくなります。

(3) 96÷48=2(倍)

2 (1)よしとさんの学級の人数は 35 人より，
35−2−8−20=5(人)

(2) 1 番を正かいした人は，10 点と 25 点の人です。
8+5=13(人)

3 (1)正方形の数が 2 こ以上のとき，正方形が 1 つふえるごとに，ひごの本数が 3 本ずつふえます。

(2)はじめの正方形が 1 本と 3 本でできています。
1+3×10=31(本)

(3)はじめの 1 本をのぞいて，3 本でわります。
(70−1)÷3=23(こ)

(4)ことばの式で表すと，
ひごの本数＝3×正方形のこ数＋1
△=3×□+1

4 (1)正三角形の数は，上から 1，3，5，7，9，…とふえていきます。
このとき，青は，上から 1，2，3，4，5，…となり，白は 2 だん目から 1，2，3，4，…となるので，6 だんまでの場合，
青の和は，1+2+3+4+5+6=21
白の和は，1+2+3+4+5=15

(2)正三角形の数は，
1 だんまででは　1(まい)
2 だんまででは　1+3=4(まい)
3 だんまででは　1+3+5=9(まい)
⋮
となっているので，
□だんまででは (□×□) まい
同じ数をかけて 64 になるのは，8 です。

ポイント 1+3+5+… を求めるには，次のように考えます。
1，3，5 をおはじきで表すと，

1　1+3　1+3+5

次のようにおきかえます。

1×1　2×2　3×3

計算するこ数(ここでは，1，3，5 の 3 こ)を 2 度かけあわせれば，答えを求めることができます。

チャレンジテスト⑥

p.66〜67

1 (1)犬もねこもかっていない人
(2) 9 人

2 (1)

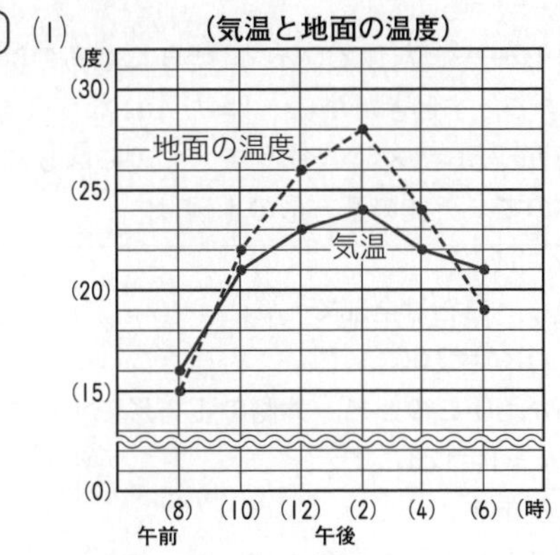

(2)午後 2 時，4 度
(3)気温 22 度，地面の温度 24 度

3 (1) 55 こ　(2) 14 だん

4 (1) 24 こ　(2) 196 こ　(3) 76 こ

とき方

1

ねこ ＼ 犬	かっている	かっていない	計
かっている	8	7	15
かっていない	10	㋐ 9	19
計	18	16	34

(1)㋐のたてを見ると犬をかっていない人です。横を見るとねこをかっていない人です。
だから，犬もねこもかっていない人です。

(2)ねこをかっている人は 15 人で，そのうち犬をかっている人は 8 人なので，ねこをかっていて犬をかっていない人は，
15−8=7(人)
人数の合計が 34 人で犬をかっている人が 18 人なので，犬をかっていない人は，
34−18=16(人)
犬もねこもかっていない人は，
16−7=9(人)

2 (2)グラフの目もりの差を読んで考えます。
28−24=4(度)

(3) 10 時と 12 時の真ん中のグラフの目もりを読んで考えます。
別のとき方　気温の場合，午前 10 時が 21 度，12 時が 23 度，2 時間で 2 度高くなっていることから，1 時間で 1 度上がると考えます。地面の温度の場合，午前 10 時が 22 度，12 時が 26 度，2 時間で 4 度高くなっていることか

ら，１時間で２度上がると考えます。

③ (1)箱の数は，次のようになります。
1+2+3+4+5+6+7+8+9+10=55(こ)
(2) 10だんまでで55こより，あと積むのは，
105−55=50(こ)
11+12+…とたしていって，50になるのは，
14までたすときだから，14だんになります。

④ (1)黒石が25(=5×5)このとき，１辺には５こならぶので，外側の正方形の１辺は，
5+2=7(こ)
だから，白石は全部で，
(7−1)×4=24(こ)
(2)白石が60このとき，外側の正方形の１辺には，
60÷4+1=16(こ)
ならびます。
内側の黒石の正方形の１辺には，
16−2=14(こ)
ならぶので，黒石は全部で，
14×14=196(こ)
(3)黒石と白石を合わせて400(=20×20)こ使うと，外側の白石の正方形の１辺は20こだから，白石は全部で，
(20−1)×4=76(こ)

15 角の大きさ

標準クラス

p.68〜69

1 (1) 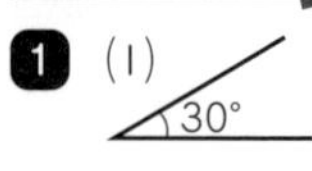

(2) (3) 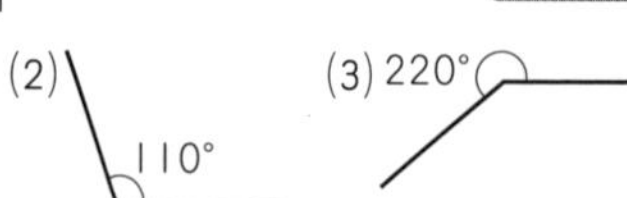

2 (1)92°　(2)157°　(3)330°

3 (1)45　(2)30　(3)180　(4)270

4 (1)120°　(2)210°　(3)330°

5 (1)135°　(2)15°　(3)35°　(4)30°
(5)135°　(6)45°

とき方

1 (3)360°−220°=140° より，140°をはかって残りの部分を220°としてかく方法を使います。

2 (1) 180°−88°=92°
(3)三角じょうぎの角度は覚えておきましょう。

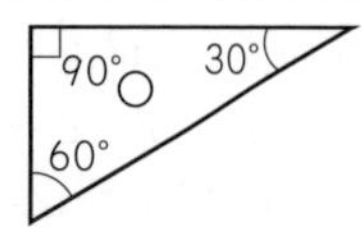

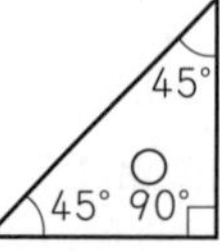

3 １直角は90°です。

4 １回転の角度は360°です。
12等分しているので，１つのおうぎ形の中心角は，
360°÷12=30°
おうぎ形がいくつあるかを考えます。
(1)は30°が４つ分で 30°×4=120° になります。

右の図のような，２本の半径で分けられた円の一部分を**おうぎ形**といい，２本の半径でできる角を**中心角**といいます。

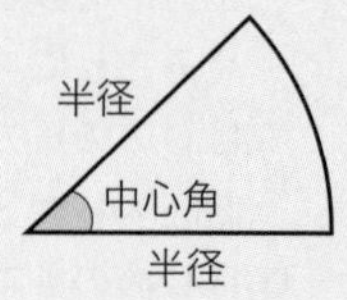

ハイクラス

p.70〜71

1 ㋐60°　㋑85°　㋒60°　㋓120°

2 (1)135°　(2)90°

3 72°

4 (1)13°　(2)㋐55°　㋑35°

5 (1)6　(2)90　(3)210　(4)300

6 (1)15　(2)5　(3)35

7 (1)150　(2)135　(3)130　(4)100

8 108°

とき方

2 図のように，正方形を２等分した形も４等分した形も三角じょうぎの角の大きさと等しくなります。

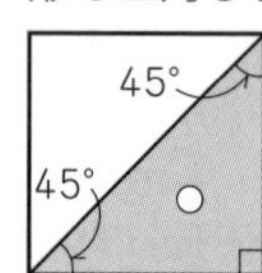

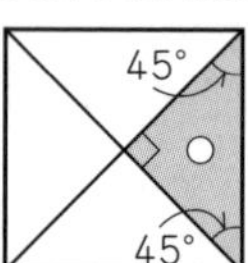

3 360°÷5=72°

5 (1) 360°÷60=6°
(2) １分間で6°回るので，15分では，
6°×15=90°

6 短いはりは12時間で360°回るので，１時間で30°回ります。
10分では，30°÷6=5° 回ります。

7 (1) 30°が５こ分なので
30°×5=150°

(2)㋐は短いはりがあと30分で回る角度なので，
5°×3=15°
㋑は30°が４こ分なので，
30°×4=120°

合わせて，15°+120°=135°

(3)㋐は短いはりが20分間に回る角度なので，
5°×2=10°
㋑は30°が4こ分なので，
30°×4=120°
合わせて，10°+120°=130°

(4)㋐は短いはりがあと20分で回る角度なので，
5°×2=10°
㋑は30°が3こ分で，
30×3=90°
合わせて，
10°+90°=100°

8 1kgで回る角度は，360°÷10=36°
3kgで回る角度なので，36°×3=108°

16 垂直と平行

標準クラス p.72〜73

1 (1) (2) または

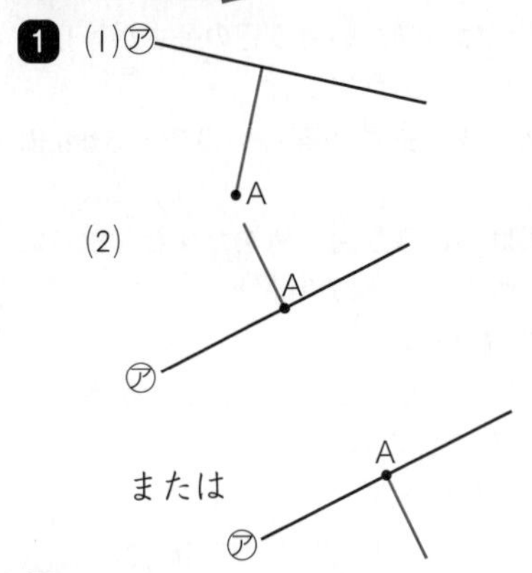

2 (1)アとウ，アとカ，エとキ，エとク
(2)ウとカ，キとク

3 (1)ウ，オ，キ　(2)イ，エ，ク　(3)60°

4 平行になっている。

5 (1)辺エウ　(2)辺アイ，辺エウ

とき方

1 垂直(すいちょく)な直線のかき方

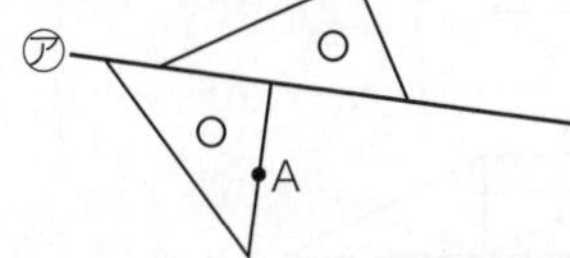

3 平行な直線とほかの直線が交わってつくる角の大きさの関係(かんけい)は，次のようになります。
○の角の大きさはそれぞれ等しく，●の角の大きさもそれぞれ等しい。また，●+○=180° です。

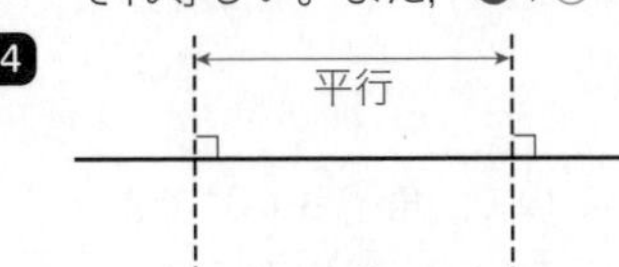

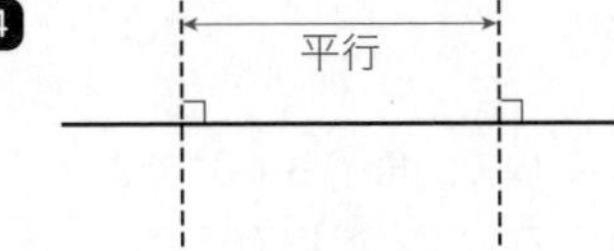

4

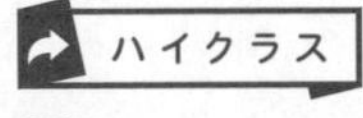

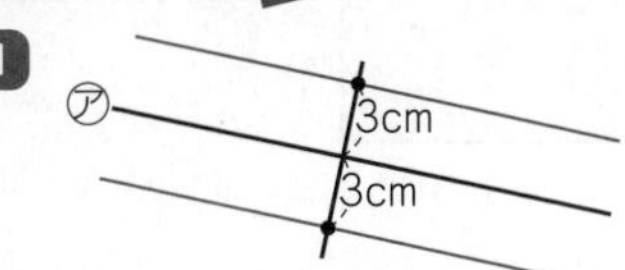

ハイクラス p.74〜75

1

2 (1)58°　(2)47°　(3)70°　(4)25°

3 (1)辺イオ，辺ウエ
(2)辺アカ，辺イオ，辺ウエ　(3)辺ウオ

4 (1)60° (2)120°

5 80°

とき方

1 最初(さいしょ)に，直線㋐に垂直な直線をひきます。
次に，その直線上に直線㋐から3cmはなれたところに点をうちます。
最後(さいご)に，その点を通って直線㋐に平行な直線をひきます。
平行な直線のかき方

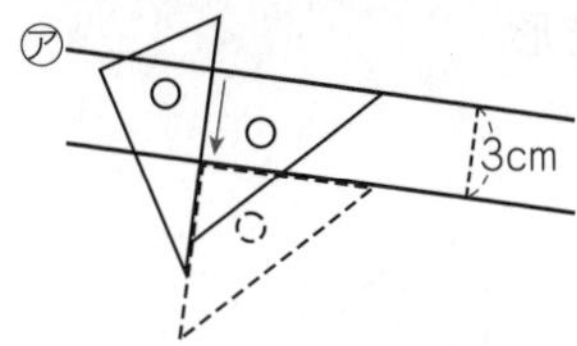

2 (2) 72°のちょう点を通り，直線A，Bに平行な直線をひくと，下の図になります。したがって，
角㋐=72°−25°=47°

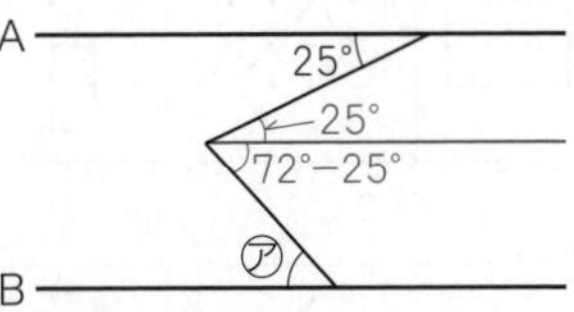

(4)下の図より，
角㋐=45°−20°=25°

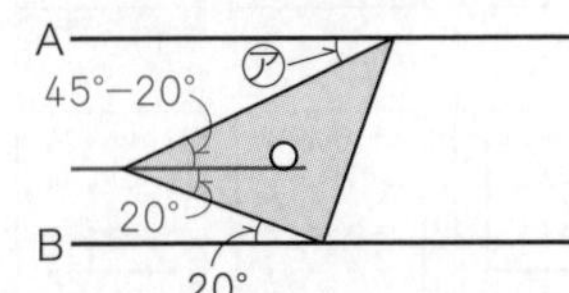

4 (1)長方形の向かい合う辺は平行なので，右の図より，
角㋐＝角㋒＝90°−30°
＝60°
(2)角㋓＝角㋒＝60° なので，
角㋑＝180°−60°
＝120°

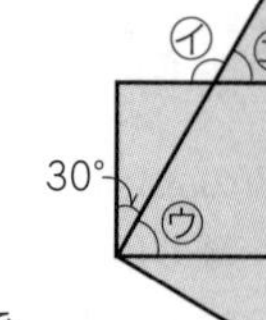

5 紙を折り曲げているので，角㋑も 40° です。
角㋐は，角㋑ +40° なので，80° です。

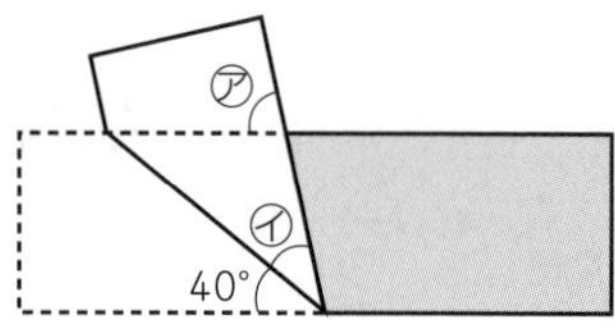

17 四角形

標準クラス

p.76〜77

1 (1)正方形，ひし形
(2)長方形，平行四辺形
(3)正方形，長方形
(4)正方形，長方形，平行四辺形，ひし形
(5)台形
(6)正方形，長方形，平行四辺形，ひし形
(7)正方形，ひし形
(8)正方形，長方形，平行四辺形，ひし形
(9)正方形，長方形

2 (例)

正方形

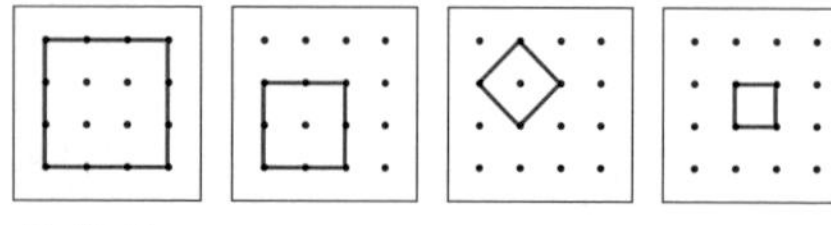

長方形

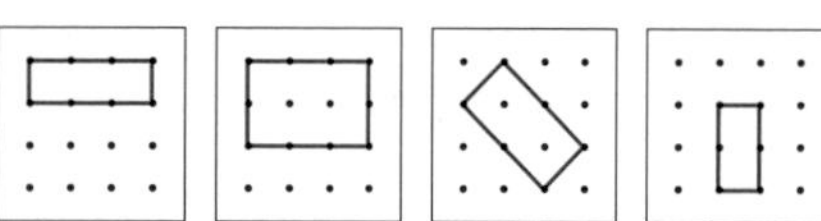

平行四辺形

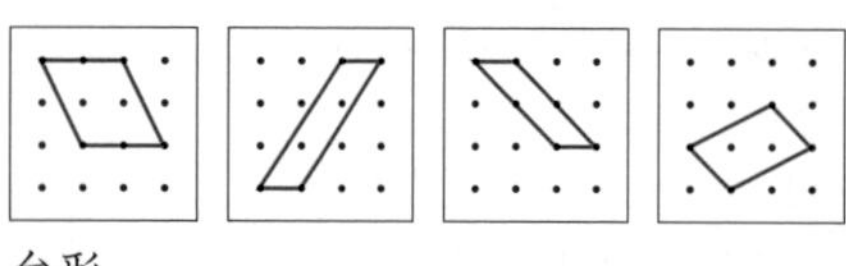

台形

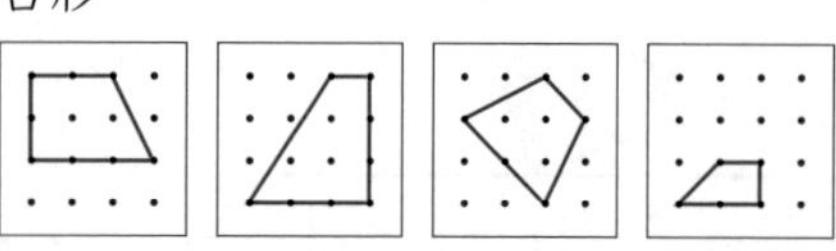

ひし形

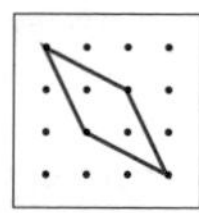

3 (1) 3 cm (2) 5 cm (3) 135° (4) 45°

とき方

1 それぞれの図形のせいしつを，辺の長さ，角度，平行や垂直，対角線についてまとめます。
台形…１組の向かい合う辺が平行。
平行四辺形…２組の向かい合う辺が平行で，長さが等しい。
対角線がそれぞれの真ん中で交わる。
２組の向かい合う角の大きさが等しい。
長方形…平行四辺形のせいしつのほかに，４つの角がすべて直角。
対角線の長さが等しい。
ひし形…平行四辺形のせいしつのほかに，４つの辺の長さがすべて等しい。
対角線が垂直に交わる。
正方形…平行四辺形のせいしつのほかに，４つの辺の長さがすべて等しい。
４つの角がすべて直角。
対角線の長さが等しく，垂直に交わる。

3 (1)平行四辺形には，向かい合う辺の長さが等しいというせいしつがあります。
辺 CD は辺 AB と長さが等しいので，3 cm になります。
(3)平行四辺形は，となり合う角をたすと 180° になります。つまり，㋐の角は，
180°−45°＝135°
(4)平行四辺形は，向かい合う角の大きさが等しいので，㋑の角は B の角と同じになります。つまり，45° になります。

ハイクラス

p.78〜79

1 (1)ウ，オ，ク，コ (2)正方形
2 (1)ひし形 (2)台形
3 (1)長方形 (2)平行四辺形 (3)ひし形
4 (1)直角二等辺三角形 (2)直角三角形
(3)二等辺三角形
5

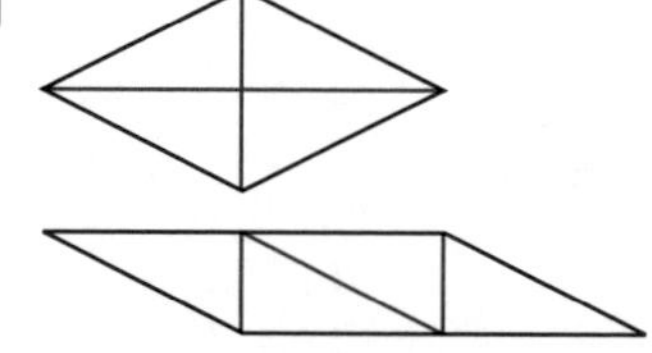

6 (1)(例)・広げるとすべての辺がイエと同じ長さの四角形になるから。
・広げるとイウ，ウエは四角形の対角線になります。対角線がそれぞれの真ん中で垂直に交わっているので，ひし形です。

(2)正方形

とき方

1 (1)平行四辺形は，２組の向かい合う辺が平行で長さが等しく，２組の向かい合う角の大きさも等しくなります。また，対角線がそれぞれの真ん中で交わります。

(2)アのせいしつに合うのは，正方形とひし形だけです。
このうち，カのせいしつにあてはまるのは，正方形だけです。

2 (1)二等辺三角形を２つ合わせた形になるので，ひし形です。

(2)広げると右の図のように，㋐と㋑の角がどちらも33°で同じになるので，辺ABと辺DCは平行になります。１組の辺が平行になるので，台形です。

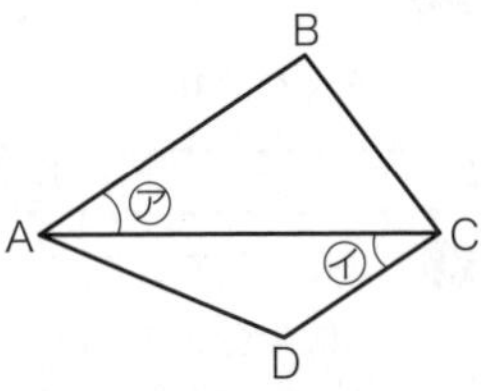

3 (1)対角線の長さが等しく，それぞれの真ん中で交わるので長方形です。

(2)対角線の長さはちがうが，それぞれの真ん中で交わるので，平行四辺形です。

(3)対角線の長さはちがうが，それぞれの真ん中で交わり，90°で交わるので，ひし形です。

4 (1)正方形を１本の対角線で切ると，できる三角形は直角があり，２辺の長さが正方形の１辺の長さになり等しいことがわかります。つまり，直角二等辺三角形です。

(2)ひし形の対角線は90°で交わるので，直角三角形ができます。

(3)長方形の対角線は２本とも長さが等しく，それぞれの真ん中で交わるので，二等辺三角形ができます。

5 答えの図で，平行四辺形の中にある長方形の対角線は，もう１つの対角線でも平行四辺形ができます。

6 (2)広げるとアウ，ウエは対角線になります。
対角線の長さが等しく，それぞれの真ん中で垂直に交わるのは正方形です。

18 四角形の面積 ①

標準クラス p.80~81

1 イが16 cm² 広い

2 (1)1500 (2)125000 (3)800000
(4)2400 (5)0.18 (6)70
(7)25000 (8)4.9

3 9.5 m

4 (1)192 cm² (2)54 cm² (3)720 cm²

5 110まい

とき方

1 23×23−19×27=16(cm²) なので，イが16 cm² 広いことがわかります。

2 面積の単位のかん算です。
(1) 1 cm²=100 mm²
(2) 1 m²=10000 cm²
(3) 1 km²=1000000 m²
(4) 1 ha=100 a
(5) 1 ha=0.01 km²
(6) 1 a=100 m²
(7) 1 km²=10000 a
(8) 1 ha=10000 m²

3 たて×横＝面積 の公式にあてはめて考えると，
たて×18=171
たて＝171÷18=9.5(m)

4 (1)右の図のように，２つの部分に分けて考えます。
8×19+8×(19−7−7)
=192(cm²)

(2)右の図のように，３つの部分に分けて考えます。
3×3+3×(3+3)
+3×(3+3+3)
=54(cm²)

(3) 32×24−8×6=720(cm²)

5 単位をそろえて計算します。
1 m²=10000 cm² より 1.1 m²=11000 cm² なので，
11000÷100=110(まい)

ハイクラス p.82~83

1 24 cm²

2 72 m²

3 3780 m²

4 (1) 1500 (2) 9.36 (3) 51000
(4) 16 (5) 0.148

5 64 cm²

6 80 m

7 (1) 46 m² (2) 24 m²

とき方

1 大きい正方形から小さい正方形をひきます。
7×7−5×5=24(cm²)

2 右の図のように，もとの図形の６この長方形を１つにまとめて考えます。
たて (10−2) m，
横 (10−1) m の長方形の面積と考えることができるので，
(10−2)×(10−1)=72(m²)

(10−2)m
(10−1)m

3 下の図のように考えることができます。

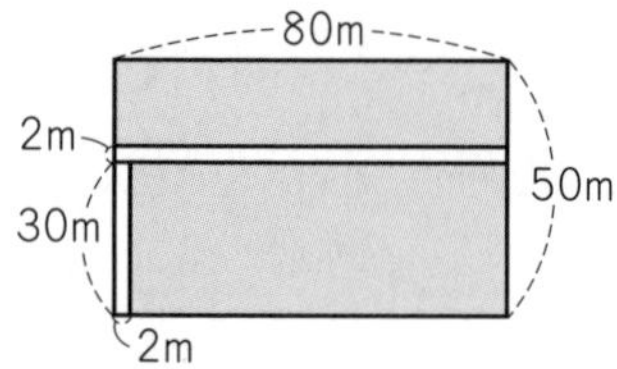

50×80=4000(m²)
2×80=160(m²)
30×2=60(m²)
求める面積は，
4000−(160+60)=3780(m²)

別のとき方 図の２つの長方形の面積をたします。
(50−30−2)×80+30×(80−2)
=3780(m²)

4 求める単位にかん算して計算します。
(1) 1 m²=10000 cm² だから，
0.15 m²×10000=1500(cm²)
(2) 78(a)×12=936(a)
1 ha=100 a だから，
936÷100=9.36(ha)
(3) 3000000 cm²=300 m²，
0.05 km²=50000 m² だから，
300+700+50000=51000(m²)
(4) 0.08 km=80 m，1600cm=16 m だから，
(80×16)÷80=16(m²)
(5) 10000 m²=1 ha だから，
1480 m²÷10000=0.148(ha)

5 6×6−2×2=32(cm²)
32×2=64(cm²)

6 12 a=1200 m²
1200÷15=80(m)

7 (1) 2×10+2×4+2×7+2×2=46(m²)

(2) 中にあるＬ字型の図形は，右の図のようになっています。

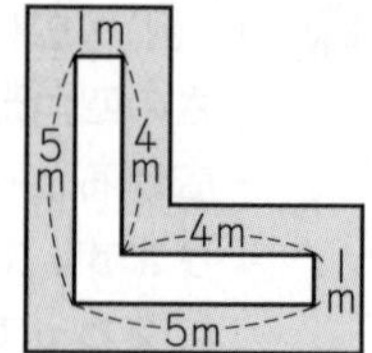

外のＬ字型の面積は，
3×7+3×4=33(m²)
中のＬ字型の面積は，
4×1+1×5=9(m²)
求める面積は，
33−9=24(m²)

19 四角形の面積 ②

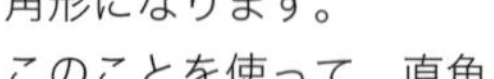

標準クラス p.84〜85

1 (1) 60 cm² (2) 24 cm² (3) 18 cm²
(4) 14 cm²

2 (1) 21 cm² (2) 72 cm² (3) 28 cm²
(4) 36 cm²

とき方

1 (1) 長方形を，右の図のように半分にすると，直角三角形になります。
このことを使って，直角三角形の面積を求めることができます。
長方形の面積は，
8×15=120(cm²)
これを半分にするので，
120÷2=60(cm²)

(2) たて 12 cm，横 8 cm の長方形の中に，二等辺三角形があります。二等辺三角形は，右の図のように半分に折ると，同じ形の直角三角形になります。

12×(8÷2)÷2=24(cm²)

別のとき方 同じ直角三角形が４つあります。
面積は，(12×8)cm² の $\frac{1}{4}$ になります。

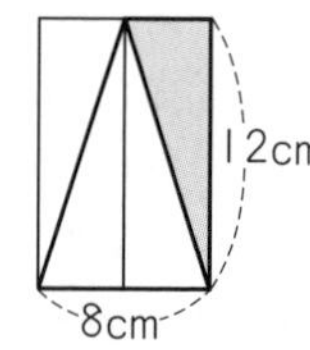

12×8÷4=24(cm²)

(3) 直角三角形が８つあると考えて，
12×12÷8=18(cm²)

(4) 直角をはさむ２辺を，長方形のたてと横の長さと考えて，
4×7÷2=14(cm²)

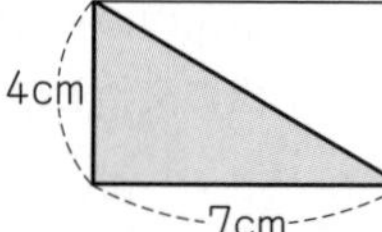

2 (1)長方形の面積から直角三角形アとイの面積をひきます。

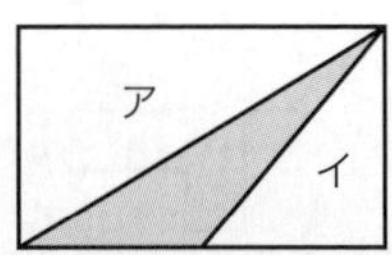

7×12−(7×12÷2+7×6÷2)
=84−(42+21)
=21(cm^2)

(2) 6×16−(6×8÷2)=96−24
=72(cm^2)

(3)長方形の面積から直角三角形ア，イ，ウ，エの面積をひきます。

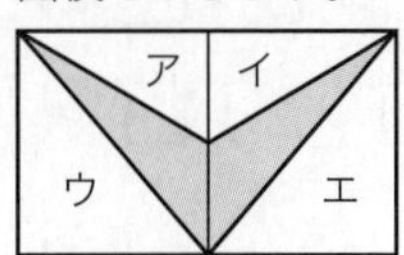

長方形の面積は，8×(7+7)=112(cm^2)
アの面積…4×7÷2=14(cm^2)
イの面積…4×7÷2=14(cm^2)
ウの面積…8×7÷2=28(cm^2)
エの面積…8×7÷2=28(cm^2)
112−(14+28)×2=28(cm^2)

(4)下半分の長方形の面積から直角三角形の面積をひきます。
4×12−4×6÷2=36(cm^2)

ハイクラス

p.86～87

1. 72 cm^2
2. 12 cm^2
3. 24 cm^2
4. 6 cm
5. 1600 cm^2
6. 24 cm^2
7. 8 cm
8. 36 cm^2

とき方

1 大きい正方形は，小さい正方形の半分の4倍の面積です。

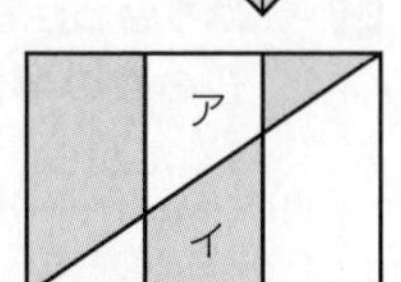

(6×6÷2)×4=18×4
=72(cm^2)

2 アとイの面積は同じなので，色のついた部分の和は長方形の面積の半分になります。
4×(2+2+2)÷2
=12(cm^2)

3 2×(6+4+2)=24(cm^2)

別のとき方　アとイは回転させると同じ形になるので，色のついた部分の面積は，たて 6 cm，横 8 cm の長方形の半分の面積です。

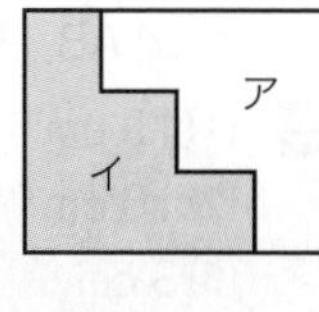

6×8÷2=24(cm^2)

4 右の図で，A の図形が B の図形につき出ているしゃ線部分の面積は，
8×9=72(cm^2)
これと面積が等しくなるように，色をぬった長方形の横の長さを決めればよいので，
72÷(3+9)=6(cm)

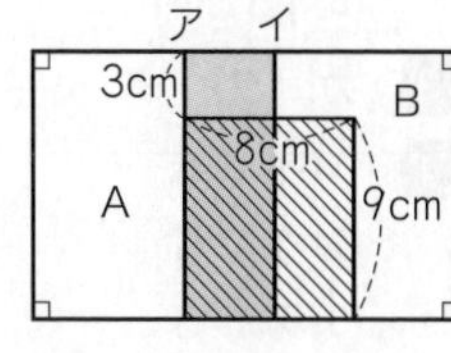

5 2つの正方形をくっつけています。色をぬった部分は全体の半分の面積です。
40×(40+40)÷2=1600(cm^2)

6 8×8÷2−4×4÷2=24(cm^2)

別のとき方　アとイの面積は同じなので，1辺(へん)が 8 cm の正方形の面積から，1 辺が 4 cm の正方形の面積をひき，2 でわります。
(8×8−4×4)÷2=24(cm^2)

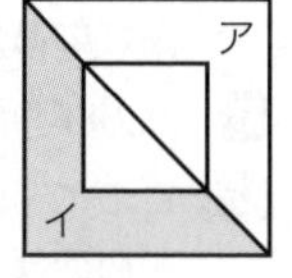

7 色のついた部分の面積は，正方形の面積の半分です。
正方形の面積は，32 cm^2 の 2 倍の面積なので，64 cm^2
㋐×㋐=64 であり，8×8=64 だから，
㋐=8 cm

8 色をぬった部分の面積は，正方形の半分の三角形の面積から正方形の $\frac{1}{4}$ の三角形の面積をひいて求めることができます。
12×12÷2−12×12÷4=36(cm^2)

20 直方体と立方体

標準クラス

p.88～89

1 (1)辺(へん) EF，辺 DC，辺 HG
(2)辺 AD，辺 BC，辺 HD，辺 GC
(3)平行…面 DCGH
垂直(すいちょく)…面 ABCD，面 EFGH
面 BCGF，面 ADHE

(4)辺 AB，辺 DC，辺 EF，辺 HG
(5)辺 AB，辺 BC，辺 CD，辺 DA

2 (1)15 cm
(2)10 cm
(3)3 cm
(4)36 cm
(5)16 cm

3 カ，ク

4 (1)イで 6
(2)ウで 5
(3)アで 3

5 (1)ア　(2)点 A

とき方

1 (5)1 つの面に平行な面の上の直線は，すべてその 1 つの面に平行になります。

2 たてが 15 cm，横が 10 cm，高さが 3 cm の直方体です。てん開図のどこが，見取図のたて，横，高さにあたっているか考えます。

3 立方体の面の数は 6 つです。

4 このてん開図を組み立てると，**ア**の面は 4 の面と，**イ**の面は 1 の面と，**ウ**の面は 2 の面とそれぞれ向かい合います。

5 1 つのちょう点には，3 つの面がとなり合っています。

ハイクラス

p.90～91

1 イ

2 (1)2，5
(2)点 A，点 G
(3)①4
②○○
　○●
　○○

3 126 cm

4 (1)8 こ　(2)48 cm　(3)94 cm²

5 (1)面オ　(2)辺 ED

6 (1)7 か所
(2)

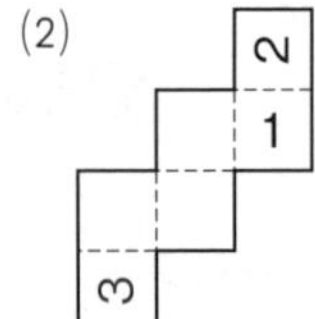

とき方

1 立方体のてん開図は全部で 11 種類（しゅるい）あります。

ポイント 立方体のてん開図

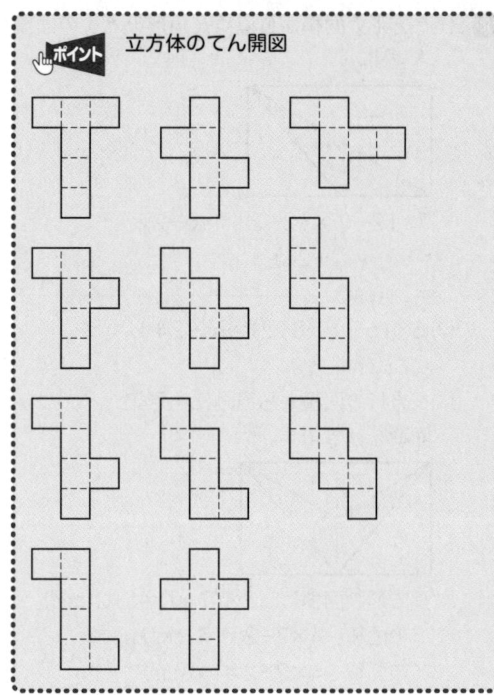

2 (3)①辺 KJ と辺 GH が重なるので，面アには 4 の目がきます。

3 箱にリボンをかけるには，
たての長さ×2＋高さ×2 と
横の長さ×2＋高さ×2 と
結（むす）び目を合わせます。
15×2+10×2=50(cm)
18×2+10×2=56(cm)
50+56+20=126(cm)

4 (1)ねん土の玉はちょう点の位置（いち）にあたります。ちょう点は 8 こです。
(2)同じ長さの辺が 4 つあります。
3(cm)×4=12(cm)　4(cm)×4=16(cm)
5(cm)×4=20(cm)
12+16+20=48(cm)
(3)同じ大きさの面が 2 つずつ，3 種類あるので，それぞれの面積（めんせき）を合わせます。
4×5×2=40(cm²)　4×3×2=24(cm²)
3×5×2=30(cm²)
40+24+30=94(cm²)

5 (2)ちょう点をかく順番（じゅんばん）は，組み立てたときに重なる順にかきます。この場合，ちょう点 A と重なるちょう点 E を先に答えます。

6 (1)はり合わせる辺の部分は，てん開図のまわりの辺の数の半分になります。まわりの辺の数は 14 だから，14÷2=7(か所)

21 位置の表し方

標準クラス　p.92～93

1 (1)点C(横 3, たて 6)
(2)点D(横 0, たて 3)
(3)点E(横 6, たて 0)

2 (1)点B(横 10 cm, たて 0 cm, 高さ 0 cm)
(2)点D(横 0 cm, たて 8 cm, 高さ 0 cm)
(3)点F(横 10 cm, たて 0 cm, 高さ 6 cm)
(4)点H(横 0 cm, たて 8 cm, 高さ 6 cm)

3 A(横 3, たて 2)
→B(横 3, たて 6)
→C(横 7, たて 6)
→D(横 8, たて 8)
→ゴール(横 10, たて 9)

4

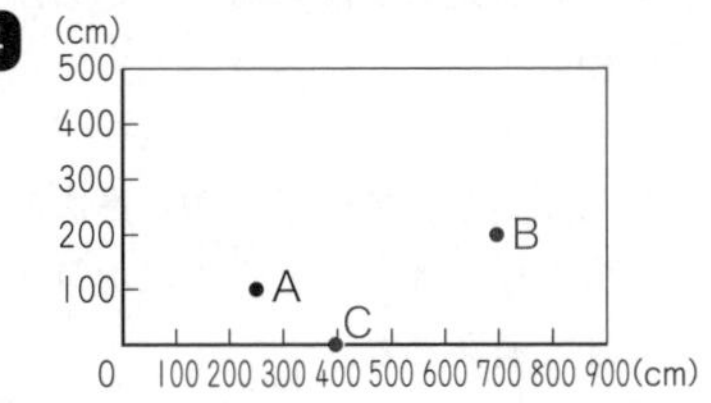

5 (1)点C(5 cm, 0 cm, 6 cm)
(2)点D(7 cm, 3 cm, 0 cm)
(3)点E(0 cm, 2 cm, 6 cm)
(4)点F(4 cm, 0 cm, 2 cm)

とき方

位置を表す問題には,
・平面の位置を表す問題
・空間の位置を表す問題
の2種類があります。

【平面の位置の表し方】
グラフの読み方によくにています。グラフに横のじくとたてのじくがあるように, 必要なことがらはじくの目もりに書かれています。
(横, たて)の2つの数を表せば, 平面上の位置がわかります。

【空間の位置の表し方】
平面の位置の表し方に高さが加わります。
(横, たて, 高さ)で表します。
位置を見つける場合は, もとになる点から, 順に, 横, たて, 高さの目もりを読んでいきます。

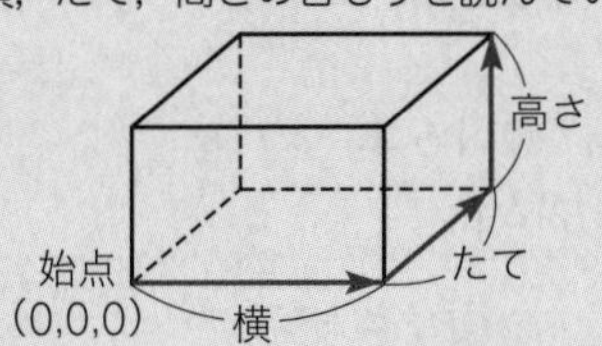

チャレンジテスト⑦

p.94～95

① (1)65°　(2)115°
(3)111°　(4)115°

② (1)台形
(2)(例)直角二等辺三角形の三角じょうぎを2つ合わせたので, もとの図形は正方形になります。正方形を平行にずらしたので, 1組の辺が平行だから, 台形になります。

③ (1)直角三角形と台形　(2)長方形

④ 220°

⑤ (1)(例)台形を平行四辺形にするには, 1組の辺が平行なので, もう1組の辺を平行にします。
(2)(例)平行四辺形をひし形にするには, 4つの辺の長さを等しくします。

とき方

① (1)長方形を対角線で2つに分けたので, 同じ直角三角形が2つできます。
右の図のように△の角は同じ大きさになります。

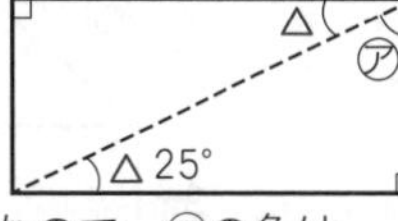

長方形の角はすべて90°なので, ㋐の角は,
90°−25°=65°

(2)台形の平行な辺をのばすと○の角と△の角は, ほ角の関係にあるといいます。

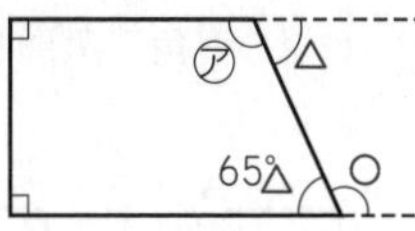

そのとき, ○と△の角を合わせると, 180°になるので, ㋐の角は,
180°−65°=115°

(3)(180°−42°)÷2=69°
180°−69°=111°

(4)角 ACD=70°, 角 CDE=45°
70°+45°=115°

③ (2)右の図のように直角三角形を移動させると長方形ができます。

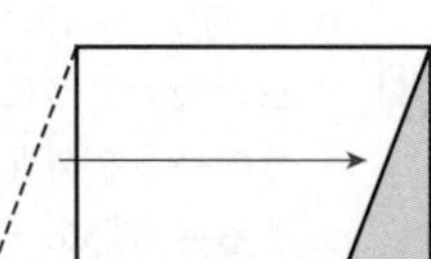

④ 右の図の㋑の角度は,
30°×7=210°
短いはりは60分で30°回るので, 10分では5°回ります。
短いはりはあと20分で1時まで回るので, ㋐の角度は,
5°×2=10°
求める角度は, 210°+10°=220°

チャレンジテスト⑧

p.96〜97

① 電灯(横 2 m，たて 2 m，高さ 2.85 m)
絵(横 4 m，たて 2 m，高さ 2.2 m)

② 136 cm²

③ (1) 104 cm　(2) 35 cm²

④ (1) 1　(2) 30

⑤ ウ，オ

⑥ (1) 112 m²　(2) 10.5 m

とき方

① 図のように，アの位置をもとにして，矢印のように見て考えます。

(電灯)

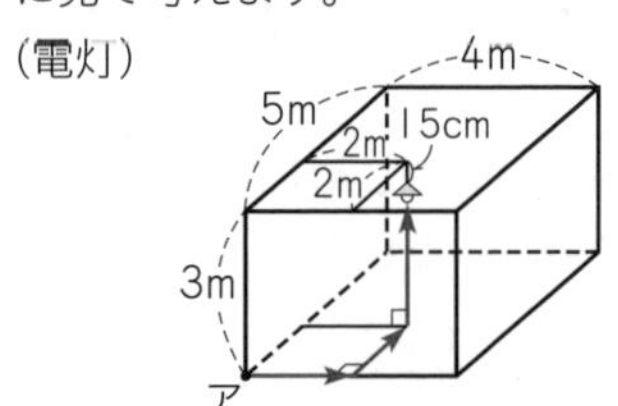

(絵)

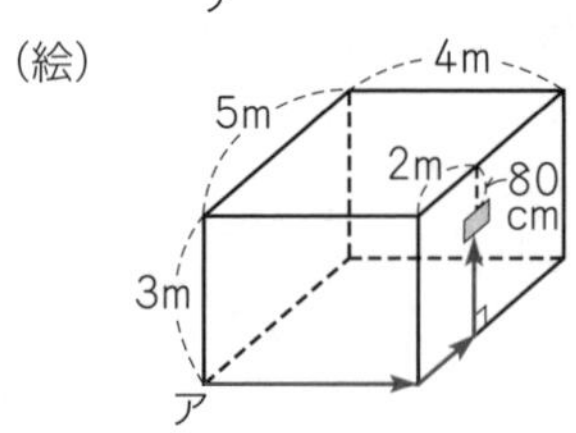

② 4つの直角三角形と真ん中の四角形に分けて考えます。

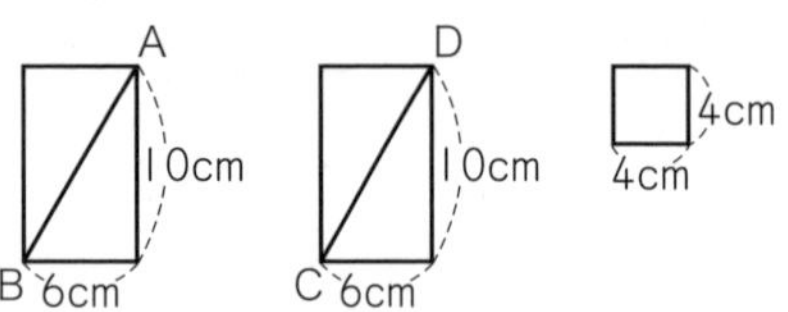

直角三角形を2つずつ合わせると，たての長さが 10 cm，横の長さが 6 cm の長方形が2つできます。また，真ん中の四角形はどの辺の長さも 10−6=4(cm) になるので，正方形です。
(6×10)×2+4×4=136(cm²)

③ (1)右の図のように，へこんだ部分の長さを外側に動かしてできる長方形のまわりの長さと，図の太線の長さは等しくなります。

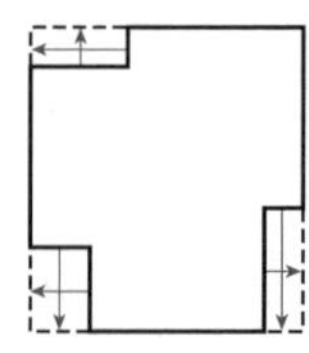

(3.5+16+7.5)×2+(5.5+16+3.5)×2
=104(cm)

(2) 3まい重なり合っている部分は長方形で，そのたての長さは，たてに重なっている2まいの正方形を考えて，

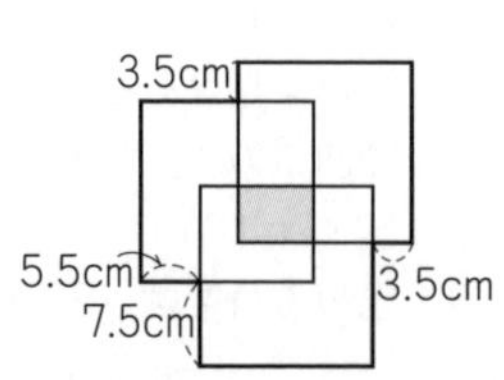

(16−3.5)+(16−7.5)−16=5(cm)
横の長さは，横に重なっている2まいの正方形を考えて，
(16−5.5)+(16−3.5)−16=7(cm)
求める面積は，5×7=35(cm²)

④ (1)イの目のあるさいころは，右側に4の目が見えているので，アの目のあるさいころと向かい合っている面の目の数は3です。
アの目として考えられるのは 3，4，5，2 以外の1か6です。イの目として考えられるのは 3，4，1，6 以外の2か5です。アの目はイの目より小さいから，アの目は1になります。
(2) 5，1，4，3 の目と向かい合う目の数は，それぞれ 2，6，3，4 です。
これらの目の面が2つずつ合わさっていて，どの方向から見ても見えない面になっているから，見えない面の和は，
(2+6+3+4)×2=30

⑤ 図の太線は，てん開図で，**エ**の下の辺と重なるから，**エ**ととなり合う**ウ**と**オ**の面と垂直になります。

⑥ (1)道をはしへよせて考えると，
たてが 10−2=8(m)，
横が 16−2=14(m)
の長方形ができます。
(10−2)×(16−2)=112(m²)
(2) BとCを合わせた面積を①とすると，Aの面積は③と表せます。
①=112÷(3+1)=28(m²)
③=28×3=84(m²)
Aのたての長さは，10−2=8(m)，
Aの面積は 84 m² だから，
84÷8=10.5(m)

22 植木算

標準クラス

p.98〜99

1 (1) 35 m　(2) 15 本

2 (1) 22 m　(2) 3.6 m

3 720 m

4 (1) 146 cm　(2) 16 本

5 (1) 56 本　(2) 4 m

とき方

1 (1) 8本の木を植えると，5 m の間かくが

8−1=7(か所) できるので，はしからはしまでの間は，5×7=35(m)

1　2　3　4　5　6　7　8
①　②　③　④　⑤　⑥　⑦

(2)間かくの数が，84÷6=14(か所) なので，木の本数は，14+1=15(本)

2 (1) 10 人の人が立つと，2 m の間かくが 10+1=11(か所) できるので，旗(はた)から旗までの間は，2×11=22(m)

1　2　3　4　5　6　7　8　9　10
①　②　③　④　⑤　⑥　⑦　⑧　⑨　⑩　⑪

(2) 9 人の人が立つと，間かくが 9+1=10(か所) できるので，1 つの間かくの大きさは，36÷10=3.6(m)

3 1 周(しゅう)するとき，電灯(でんとう)の数と間かくの数は等しいので，12 m の間かくが 60 か所あることになります。したがって，公園のまわりは，12×60=720(m)

ポイント 木の本数と間かくの数の関係(かんけい)
・両はしにも植えるとき
(木の本数)=(間かくの数)+1
・両はしには植えないとき
(木の本数)=(間かくの数)−1
・1 周するとき
(木の本数)=(間かくの数)

4 (1)テープを 8 本つなぐと，のりしろが 8−1=7(か所) でき，のりしろの分だけ短くなるので，20×8−2×7=146(cm)

(2)最初(さいしょ)のテープの長さが 20 cm で，1 本つなぐごとに，20−2=18(cm) ずつ長くなります。290−20=270(cm) を 18 でわって，270÷18=15(本) つないだことがわかります。したがって，つないだテープは全部で，1+15=16(本)

5 (1)長方形のまわりの長さは，(36+48)×2=168(m)
3 m 間かくでくいを立てると，間かくの数は 168÷3=56(か所) で，くいの数も 56 本です。

(2)間かくの数が 42 か所なので，くいとくいの間かくは，168÷42=4(m)

ハイクラス

p.100〜101

1 (1) 18 m　(2) 10 台　(3) 30 m
(4) 88 分　(5) 1.5 cm

2 (1) 8 cm²　(2) 46 cm　(3) 58 cm²

3 16 本

4 132.5 cm

とき方

1 (1)間かくが 10+1=11(か所) なので，198÷11=18(m)

(2) 10 m 間かくでハードルを置(お)くと，間かくの数は 110÷10=11(か所) で，スタートとゴールにハードルは置かないので，11−1=10(台)

(3)長方形のまわりの長さは，
2×50=100(m)
たての長さを□ m とすると，
(□ +20)×2=100 より，
□ +20=50，□ =30(m)

(4) 140÷28=5 より，5 本に切り分けるのだから，切る回数は 4 回です。4 回目に切ったあとは休まないので，休む回数は 4−1=3(回)
したがって，16×4+8×3=88(分)

(5)のりしろなしで 31 まいつなぐと，12×31=372(cm) になります。
372−327=45 より，のりしろの長さは全部で 45 cm あることがわかります。のりしろは 31−1=30(か所) あるので，1 つののりしろの長さは，45÷30=1.5(cm)

2 (1)重なっている部分(のりしろ)は，たて 2 cm，横 1 cm の長方形だから，面積(めんせき)は
2×1=2(cm²)
これが 5−1=4(か所) あるので，すべての面積は，2×4=8(cm²)

(2)全体の横の長さは，5×5−1×4=21(cm)
したがって，まわりの長さは，
(2+21)×2=46(cm)

(3)全体の横の長さは，5×7−1×6=29(cm)
したがって，全体の面積は，
2×29=58(cm²)

3 37÷(2+3)=7 あまり 2 より，間かくの数が，2×7+1=15(か所) とわかります。したがって，木の本数は，
15+1=16(本)

4 両はしに 0.25 cm(=3−2.75) が 2 か所と，5.5 cm(=2.75×2) が 24 か所あるので，はしからはしまで，
0.25×2+5.5×24=132.5(cm)

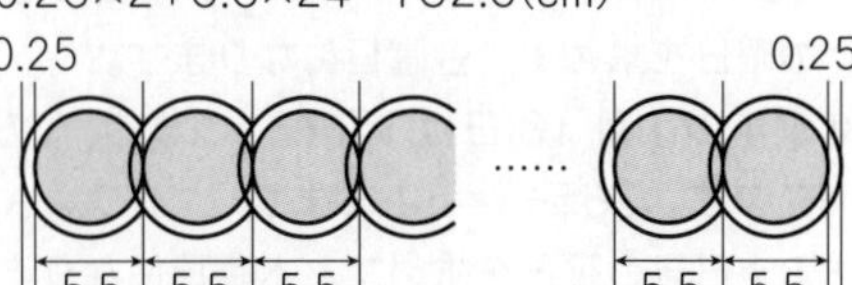

23 日暦算

標準クラス

p.102〜103

1 (1)41日後 (2)月曜日 (3)木曜日
2 (1)4月28日金曜日 (2)木曜日
3 (1)110日前 (2)月曜日
4 (1)13 (2)金
5 (1)7回 (2)113日 (3)10957日
(4)11070日

とき方

1 (1)3月5日から4月15日まで，3月があと31−5=26(日)，4月が15日あるので，
26+15=41(日後)
(2)曜日は7日ごとにくり返すので，
41÷7=5あまり6より，41日後の曜日は6日後の曜日と同じです。したがって，火曜日の6日後の曜日を求(もと)めて，月曜日です。
(3)3月5日から8月15日まで，3月があと31−5=26(日)，4月が30日，5月が31日，6月が30日，7月が31日，8月が15日あるので，
26+30+31+30+31+15=163(日後) です。
163÷7=23あまり2より，2日後の曜日を求めて，木曜日です。

> ポイント それぞれの月の日数は，
>
> 1月…31日　2月…28日(うるう年は29日)
> 3月…31日　4月…30日　5月…31日
> 6月…30日　7月…31日　8月…31日
> 9月…30日　10月…31日　11月…30日
> 12月…31日　です。

2 (1)1月18日の100日後を，かりに1月118日とすると，1月は31日まであるので，
118−31=87より，これは2月87日です。さらに，2月は28日まであるので，同じように，これは3月59日です。さらに，3月は31日まであるので，これは4月28日です。
また，100日後なので，
100÷7=14あまり2より，水曜日の2日後の曜日を求めて，金曜日になります。
(2)来年の1月18日は1年後，つまり，365日後です。365÷7=52あまり1より，水曜日の1日後の曜日を求めて，木曜日になります。

3 (1)5月5日が1月15日の何日後であるかを調べます。1月があと16日，2月が28日，3月が31日，4月が30日，5月が5日あるので，
16+28+31+30+5=110(日後)
したがって，ぎゃくに考えて，110日前となります。
(2)110÷7=15あまり5より，土曜日の5日前の曜日を求めて，月曜日になります。

4 (1)3月31日は1月1日の30+28+31=89(日後)(うるう年の場合は90日後)です。
89÷7=12あまり5(うるう年の場合はあまり6)だから，金曜日は1月1日もふくめると，
12+1=13(回)
(2)うるう年では，2月が29日まであります。
8月8日は1月1日の
30+29+31+30+31+30+31+8=220(日後)
したがって，1月1日は8月8日の220日前だから，220÷7=31あまり3より，月曜日の3日前の曜日を求めて，金曜日になります。

5 (1)うるう年は，1992年，1996年，2000年，2004年，2008年，2012年，2016年の7回です。2000年は100でわり切れるが400でもわり切れるので，特別(とくべつ)なうるう年でした。
(2)1月8日と4月30日もふくむので，
24+28+31+30=113(日)
(3)平成(へいせい)元年1月8日から，平成31年1月7日まで30年間あり，そのうち，うるう年が7回あるので，365×30+7=10957(日)
(4)10957+113=11070(日)

ハイクラス

p.104〜105

1 (1)6 (2)①金 ②24 (3)50 (4)2
2 (1)7月2日 (2)月曜日 (3)4月15日
3 8月7日
4 (1)4/1，7/1 (2)土曜日，日曜日，月曜日
(3)①月曜日 ②土曜日

とき方

1 (1)次の年の1月1日は，
19+30+31+1=81(日後) なので，
81÷7=11あまり4より，金曜日の4日後と同じ曜日で，火曜日です。したがって，2日が水曜日，3日が木曜日，4日が金曜日，5日が土曜日，6日が日曜日です。
(2)6月1日は3月3日の，
28+30+31+1=90(日後) だから，
90÷7=12あまり6より，6日後の曜日と同じで金曜日です。すると，6月の日曜日は，3日，10日，17日，24日だから，最後(さいご)の日曜

日は 24 日です。

(3) 1 月 15 日は月曜日で，1 月 15 日から 12 月 31 日まで，365−14=351(日) あります。351÷7=50 あまり 1 より，日曜日は 50 回あります。

(4)もし，1 日が水曜日だとすると，水曜日の 5 回の日付(ひづけ)の和は，1+8+15+22+29=75 になります。2 日が水曜日だとすると，水曜日の 5 回の日付の和は，2+9+16+23+30=80 になるので，最初(さいしょ)の水曜日は 2 日です。

2 (1) 365 日のちょうど真ん中の日だから，
365−1=364，364÷2=182(日後)
これは，1 月 183 日→2 月 152 日
→3 月 124 日→4 月 93 日→5 月 63 日
→6 月 32 日→7 月 2 日になります。

(2) 183÷7=26 あまり 1 より，1 月 1 日と同じ曜日で，月曜日です。

(3) 1 回目の日曜日は 1 月 7 日です。15 回目の日曜日は，これの 7×14=98(日後) だから，
1 月 105 日→2 月 74 日→3 月 46 日
→4 月 15 日です。

3 第 1 回の放送は，1 月 15 日の
7×(24−1)=161(日前) です。
1 月 15 日の 15 日前が前の年の 12 月 31 日，
その 31 日前が 11 月 30 日，
その 30 日前が 10 月 31 日，
その 31 日前が 9 月 30 日，
その 30 日前が 8 月 31 日，
その 31 日前が 7 月 31 日で，ここまでで，15+31+30+31+30+31=168(日前) になります。したがって，161 日前は 7 月 31 日の 7 日後で，8 月 7 日です。

4 (1)うるう年でないとき，8 月 1 日は 2 月 1 日の 27+31+30+31+30+31+1=181(日後) で，181÷7=25 あまり 6 なので，2 月 1 日と 8 月 1 日は同じ曜日にはなりません。うるう年のときは 8 月 1 日は 2 月 1 日の 182 日後になり，182÷7=26 より，2 月 1 日と 8 月 1 日が同じ曜日になります。したがって，西暦(せいれき) X 年はうるう年です。

このとき，2/1，3/1，4/1，5/1，6/1，7/1，8/1，9/1，10/1，11/1，12/1 はそれぞれ 1/1 の 31 日後，60 日後，91 日後，121 日後，152 日後，182 日後，213 日後，244 日後，274 日後，305 日後，335 日後になるので，このうち，7 でわり切れるものを求めて，4/1(91 日後)と 7/1(182 日後)です。

(2) 6/1〜6/7 のいずれかが最初の水曜日です。
1 日が水曜日だとすると，水曜日の日にちの合計は 1+8+15+22+29=75(日)
2 日が水曜日だとすると，水曜日の日にちの合計は 2+9+16+23+30=80(日)
3 日が水曜日だとすると，水曜日の日にちの合計は 3+10+17+24=54(日)
4 日が水曜日だとすると，水曜日の日にちの合計は 4+11+18+25=58(日)
5 日が水曜日だとすると，水曜日の日にちの合計は 5+12+19+26=62(日)
6 日が水曜日だとすると，水曜日の日にちの合計は 6+13+20+27=66(日)
7 日が水曜日だとすると，水曜日の日にちの合計は 7+14+21+28=70(日)
65 日以下(いか)になるのは，3 日，4 日，5 日が水曜日のときです。このとき，6/1 の曜日は，月曜日，日曜日，土曜日のいずれかです。

(3)①(2)で調べたように，日にちの合計が 70 以上(いじょう)になるとき，月曜日は 1 日，2 日，7 日のいずれかです。ただし，10 月は 31 日まであるので，3 日が月曜日のとき，月曜日の日にちの合計は 3+10+17+24+31=85(日) となり，70 以上になります。よって，10 月の月曜日が 1 日，2 日，3 日，7 日のいずれかだから，10/1 の曜日は，月曜日，日曜日，土曜日，火曜日のいずれかです。ここで，10/1 は 6/1 の 29+31+31+30+1=122(日後) で，122÷7=17 あまり 3 だから，10/1 の曜日は 6/1 の曜日の 3 つあとの曜日になります。(2)の答えと合わせて考えると，6/1 が土曜日，10/1 が火曜日とわかります。1/1 は 6/1 の 30+29+31+30+31+1=152(日前) なので，152÷7=21 あまり 5 より，土曜日の 5 日前の曜日と同じで，月曜日です。

②西暦 X 年の 1 月 1 日が月曜日だから，よく年 (366 日後)の 1/1 は 366÷7=52 あまり 2 より水曜日です。2/1 はその 31 日後だから，
31÷7=4 あまり 3 より土曜日。
3/1 はその 28 日後だから，
28÷7=4 より土曜日。
4/1 はその 31 日後だから火曜日。
5/1 はその 30 日後だから，
30÷7=4 あまり 2 より木曜日。
6/1 はその 31 日後だから日曜日。
7/1 はその 30 日後だから火曜日。
8/1 はその 31 日後だから金曜日。

9/1 はその 31 日後だから月曜日。
10/1 はその 30 日後だから水曜日。
11/1 はその 31 日後だから土曜日。
12/1 はその 30 日後だから月曜日となり，土曜日が 3 回でもっとも多いです。

24 周期算

標準クラス p.106〜107

1 (1)2 (2)222
2 (1)2 (2)29 こ
3 (1)白 (2)58 こ
4 (1)12345 (2)32541
5 (1)18 (2)491
6 (1)3 (2)3

とき方

1 (1)小数点以下は「428571」の 6 つの数字がくり返し出てきます。50÷6=8 あまり 2 より，小数第 50 位の数字は小数第 2 位の数字と同じで，2 です。
(2)小数第 50 位までは，「428571」のくり返しが 8 回とあと 2 つの数字「42」がならぶので，和は，(4+2+8+5+7+1)×8+(4+2)=222

2 (1)「1，2，3，2，1」の 5 つの数字がくり返されているので，74÷5=14 あまり 4 より，74 番目の数は 4 番目の数と同じで，2 です。
(2)「1，2，3，2，1」の中に 1 が 2 こずつ出てきて，あまりの 4 つの数字「1，2，3，2」の中に 1 が 1 こ出てくるので，全部で
2×14+1=29(こ)

3 (1)「○○○○●●●」の 7 こがくり返されています。100÷7=14 あまり 2 より，100 番目のご石は 2 番目のご石と同じで，白色です。
(2)「○○○○●●●」の中に 4 こずつと，あまりの 2 こ「○○」の中に 2 こあるので，全部で，
4×14+2=58(こ)

4 (1) 12345 → 34521 → 52143 → 14325 → 32541 → 54123 → 12345 より，12345 にもどります。
(2)6 回ごとにもとにもどるので，100÷6=16 あまり 4 より，100 回目にできる数は 4 回目にできる数と同じで，32541 です。

5 (1)「1，2，3」を第 1 グループ，
「2，3，4」を第 2 グループ，
「3，4，5」を第 3 グループ，……のように 3 つずつ区切っていきます。
50÷3=16 あまり 2 より，50 番目の数は第 17 グループの 2 番目の数であることがわかります。第 17 グループは「17，18，19」だから，50 番目の数は 18 です。
(2)第 1 グループの和は 1+2+3=6，
第 2 グループの和は 2+3+4=9，
第 3 グループの和は 3+4+5=12，……，
第 16 グループの和は 16+17+18=51 のように，それぞれのグループの 3 つの数の和は，その真ん中の数の 3 倍になっています。これより，第 16 グループまでの 48 この数の和は，
(2+3+4+……+17)×3=456 になります。
これに 49 番目の 17 と 50 番目の 18 をたして，50 番目までの和は 456+17+18=491

6 (1) 3=3，3×3=9，3×3×3=27，
3×3×3×3=81，3×3×3×3×3=243 より，一の位の数字は 3 です。
(2)3 を 1 こ，2 こ，3 こ，……とかけていくと，一の位の数字は「3，9，7，1」のくり返しになります。33÷4=8 あまり 1 より，3 を 33 こかけたときの一の位の数字は 3 を 1 こかけたときの一の位の数字と同じで，3 です。

ハイクラス p.108〜109

1 (1)673 (2)2
2 (1)268 (2)759 まい (3)299 まい目
3 (1)46 番目 (2)210 番目
4 (1)8 (2)156
5 (1)17 (2)3467

とき方

1 (1)「○●●●○●」の 6 このくり返しです。
2019÷6=336 あまり 3 より，「○●●●○●」が 336 回のあとに「○●●」が続くので，
○は，2×336+1=673(こ)
(2) 8=8，8×8=64，8×8×8=512，
8×8×8×8=4096，8×8×8×8×8=32768，……のように，一の位の数字は「8，4，2，6」のくり返しになります。31÷4=7 あまり 3 より，8 を 3 こかけてできる数の一の位を求めて，2 です。

2 (1)「2，0，1，9，0，4」の 6 つの数字のくり返しです。100÷6=16 あまり 4 より，100 まい目までは「2，0，1，9，0，4」のくり返しが 16 回とあと「2，0，1，9」と 4 つの数字がならびます。したがって，

(2+0+1+9+0+4)×16+(2+0+1+9)=268

(2) 2019÷(2+0+1+9+0+4)=126 あまり 3 より，和が 2019 になるのは，「2，0，1，9，0，4」が 126 回くり返されたあとに「2，0，1」と続いたときです。したがって，
6×126+3=759(まい)

(3) 0 は「2，0，1，9，0，4」の中に 2 こずつ出てくるので，100 回目は「2，0，1，9，0，4」が 50 回出てきたときの後ろの 0 です。これは，6×50−1=299(まい目)

3 (1)「1」を第 1 グループ，
「2，1」を第 2 グループ，
「3，2，1」を第 3 グループ，
「4，3，2，1」を第 4 グループ，……のように分けます。10 がはじめて出てくるのは第 10 グループの 1 番目だから，
1+2+3+4+5+6+7+8+9+1=46(番目)

(2) 20 回目の 1 があらわれるのは，第 20 グループのいちばん後ろだから，1 から 20 までの整数の和で求めることができます。
1+2+3+4+5+……+19+20=210(番目)

4 (1)「1」を第 1 グループ，
「2，2」を第 2 グループ，
「3，3，3」を第 3 グループ，
「4，4，4，4」を第 4 グループ，……のように分けます。
1+2+3+4+5+6+7=28 より，30 番目の数字は第 8 グループの 2 番目の数字です。したがって，8 になります。

(2) 1×1+2×2+3×3+4×4+5×5+6×6+7×7+8×2=156

5 (1)「2，2，3」を第 1 グループ，
「4，4，5」を第 2 グループ，
「6，6，7」を第 3 グループ，……のように 3 つずつ区切っていきます。24÷3=8 より，24 番目の数は第 8 グループの最後(さいご)の数だから，「16，16，17」の 17 です。

(2) 100÷3=33 あまり 1 より，第 33 グループまでの数に，第 34 グループの最初(さいしょ)の数 68 をたせばよいことになります。
2+2+3=7，4+4+5=13，
6+6+7=19，……，
66+66+67=199 のように，グループの中の 3 つの数の和は，7 から始まって 6 ずつふえていくので，次のように求めることができます。

□=　7+　13+　19+…………+193+199
□=199+193+187+…………+　13+　7
□×2=206+206+206+…………+206+206

第 33 グループまでの数の和□は，
□×2=206×33
□×2=6798
□=6798÷2
□=3399
よって，100 番目までの数の和は，
3399+68=3467

25 集合算

標準クラス

p.110〜111

1 (1)㋐26　㋑29　㋒6　㋓35　㋔32
(2) 6 人

2 (1)㋐20　㋑12　㋒4　㋓4
(2) 4 人
(3) 20 人

3 (1) さか上がりも足かけ上がりもできない人
(2) 18 人
(3) 5 人

4 19 人

5 12 人

とき方

1 (2)㋒にあてはまる数です。

2 (1)まず，㋑が 12 人で，㋐＋㋑が 32 人，㋒＋㋑が 16 人だから，
㋐が 32−12=20(人)，
㋒が 16−12=4(人)
㋓は 40−(20+12+4)=4(人)
(2)㋓にあてはまる数を求(もと)めます。
(3)㋐にあてはまる数を求めます。

3 (2) 2 つの⟷ができるだけ重なるように図をかくと次のようになり，いちばん多くて 18 人いることがわかります。

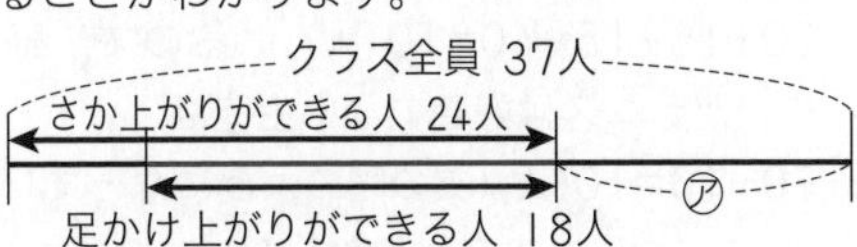

(3) 2 つの⟷ができるだけ重ならないように図をかくと次のようになり，いちばん少なくて 24+18−37=5(人) いることがわかります。

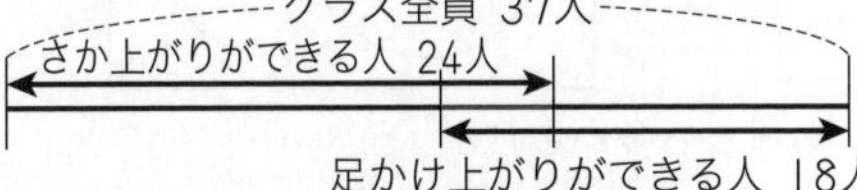

4 次の表で，㋐→㋑→㋒の順(じゅん)に求めます。

㋐＝100−34=66(人)
㋑＝66−13=53(人)
㋒＝72−53=19(人)
より，19 人です。

		新かん線		計
		ある	ない	
飛行機	ある	㋒		34
	ない	㋑	13	㋐
計		72		100

5 下の表で，㋐→㋑の順に求めます。
㋐＝60−30=30(人)
㋑＝30−18=12(人)
より，12 人です。

		犬をかって		計
		いる	いない	
ねこをかって	いる			30
	いない	18	㋑	㋐
計		21		60

ハイクラス

p.112〜113

1 10 人
2 5 人以上，15 人以下
3 9 人以上，17 人以下
4 15 人以上，65 人以下
5 (1) 18 人　(2) 15 人　(3) 3 人
6 (1) 6 人　(2) 2 人以上，13 人以下

とき方

1 野球もテニスも好きな生徒は，
20+15+15−40=10(人) いるので，野球は好きだがテニスは好きでない生徒は，
20−10=10(人)(次の図のようになっています)

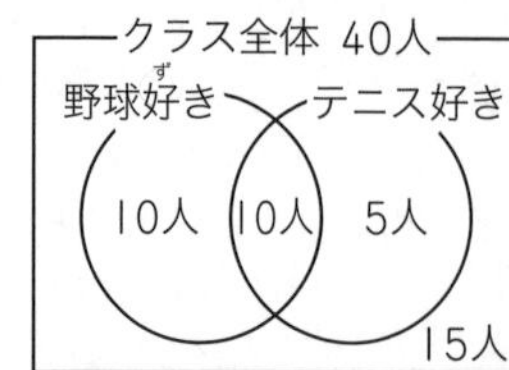

2 もっとも多い場合が 15 人
もっとも少ない場合が 50+15−60=5(人)

3 もっとも多い場合が 36−19=17(人)
もっとも少ない場合が 36−(8+19)=9(人)

4 もっとも多い場合は，次の図のような場合で，65 人です。

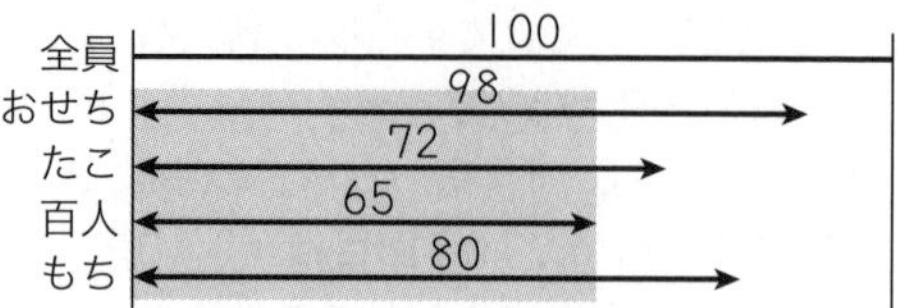

もっとも少ない場合は，次の図のような場合で，15 人です。

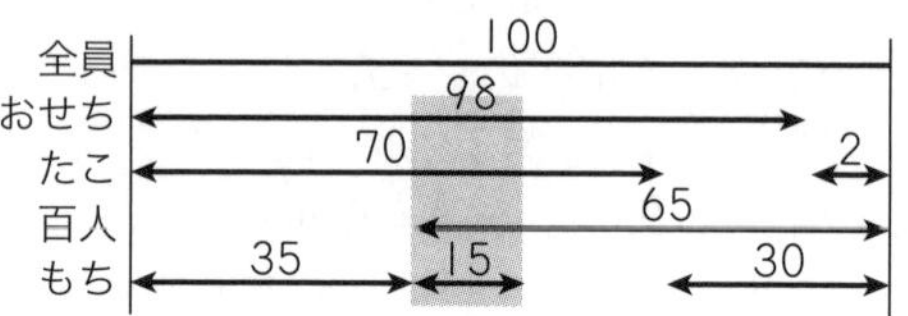

5 (1) 25+23+10−40=18(人)
(2) B 公園に行ったことのある生徒 23 人全員が，A 公園にも行ったことがある場合で，
40−25=15(人)
(3) A，B，C のいずれかの公園に行ったことのある生徒は 40−2=38(人)
そのうち，A，B いずれかの公園に行ったことのある生徒は 25+23−13=35(人) だから，C 公園だけに行ったことのある生徒は，
38−35=3(人)

6 (1) 飛行機に乗ったことのある生徒が 13 人，新かん線に乗ったことのある生徒が 29 人いる場合を考えて，13+29−36=6(人)
(2) 飛行機と新かん線の両方に乗ったことのある生徒の数がもっとも少ないのは，両方に乗ったことがない生徒が 6 人，飛行機に乗ったことのある生徒が 7 人，新かん線に乗ったことのある生徒が 25 人の場合で，7+25+6−36=2(人)
また，もっとも多いのは，両方に乗ったことがない生徒が 9 人，飛行機に乗ったことのある生徒が 13 人，新かん線に乗ったことのある生徒が 36−9=27(人) の場合で，
13+27+9−36=13(人)

別のとき方　もっとも多いのは，両方に乗ったことがない生徒が 8 人の場合や 7 人の場合も考えられます。
8 人の場合，新かん線に乗ったことがある生徒が 36−8=28(人) になるので，
13+28+8−36=13(人)
7 人の場合，新かん線に乗ったことがある生徒が 36−7=29(人) になるので，
13+29+7−36=13(人)

26 和差算

標準クラス　p.114〜115

1 39 cm と 51 cm
2 11 時間 20 分
3 81 点
4 45 才
5 800 円
6 75 円
7 117 cm²
8 19 cm
9 (1) 13　(2) A…36，B…49，C…65

とき方

1 図より，90−12=78(cm) が，短い方のテープの長さの 2 つ分になっていることがわかります。
したがって，短い方のテープの長さは，
(90−12)÷2=39(cm)
長い方のテープの長さは，
39+12=51(cm)

長 ———————— 12cm ｝90cm
短 ————————

ポイント　大，小 2 つの数の(和)と(差)がわかっているとき，
・小さい方の数 =(和−差)÷2
・大きい方の数 =(和＋差)÷2
で求めることができます。

2 昼の時間と夜の時間の和は 24 時間だから，短い方の夜の時間は，
(24 時間−1 時間 20 分)÷2
=22 時間 40 分 ÷2=11 時間 20 分

3 点数が高い方の算数の点数は，
(155+7)÷2=81(点)

4 お母さんとわたしの年れいの差は 32 才だから，年れいが高い方のお母さんの年れいは，
(58+32)÷2=45(才)

5 兄が弟にお金をわたしたあとのことを考えます。
2 人の所持金の和は 4800+3600=8400(円)
これは兄が弟にいくらわたしても変わらないから，持っているお金が多くなった弟の所持金は，
(8400+400)÷2=4400(円)
したがって，兄が弟にわたしたお金は，
4400−3600=800(円)

6 りんごとみかん 3 こずつで 330 円だから，1 こずつでは 330÷3=110(円)
1 こずつのねだんの差が 40 円だから，高い方のりんご 1 このねだんは，
(110+40)÷2=75(円)

7 問題の図から，長方形の長い方の辺と短い方の辺との和が 22 cm，差が 4 cm とわかるので，短い方の辺は，(22−4)÷2=9(cm)
長い方の辺は 9+4=13(cm)
これより，面積は 9×13=117(cm²)

8 ㋐と㋑の面積の和(= 長方形 ABCD の面積)は，
18×30=540(cm²)
面積の差が 144 cm² だから，大きい方の㋐の面積は，(540+144)÷2=342(cm²)
たての長さが 18 cm だから，横の長さは
342÷18=19(cm)

9 (1) B+C=114，A+C=101 より，B が A より 114−101=13 大きいことがわかります。

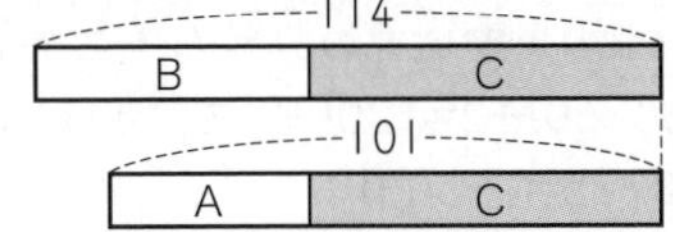

(2) A と B の和は 85 だから，小さい方の A は，
A=(85−13)÷2=36 で，B=36+13=49
また，C は 101−36=65

ハイクラス　p.116〜117

1 150 円
2 午後 5 時 3 分
3 A…3，B…69，C…82
4 37.5 cm
5 3755 円
6 12200 円
7 (1) 6.4 cm　(2) 32 cm

とき方

1 ふでとえん筆 1 本ずつのねだんの和は，
1200÷3=400(円)
差は 100 円だから，安いほうのえん筆 1 本のねだんは，(400−100)÷2=150(円)

2 昼の時間と夜の時間の和は 24 時間だから，短い方の昼の長さは，
(24 時間−3 時間 24 分)÷2
=20 時間 36 分 ÷2=10 時間 18 分
日の出の時こくが 6 時 45 分だから，日の入りの時間は 6 時 45 分の 10 時間 18 分後で，17 時 3 分，つまり，午後 5 時 3 分です。

3 A+B=72，A+C=85 より，C が B より 13 大きいことがわかり，B と C の和は 151 だから，

B=(151−13)÷2=69，C=69+13=82
また，A=72−69=3

4 問題の図より，大小の正方形の１辺の長さについて，和が 51 cm，差が 24 cm であることがわかります。したがって，大きい方の正方形の１辺の長さは，(51+24)÷2=37.5(cm)

5 りんごとみかん１こずつのねだんの和は，
3600÷12=300(円)
また，りんご１このねだんは残っているお金より 25 円高く，みかん１このねだんは残っているお金より 35 円安いので，りんごとみかん１こずつのねだんの差は，25+35=60(円)

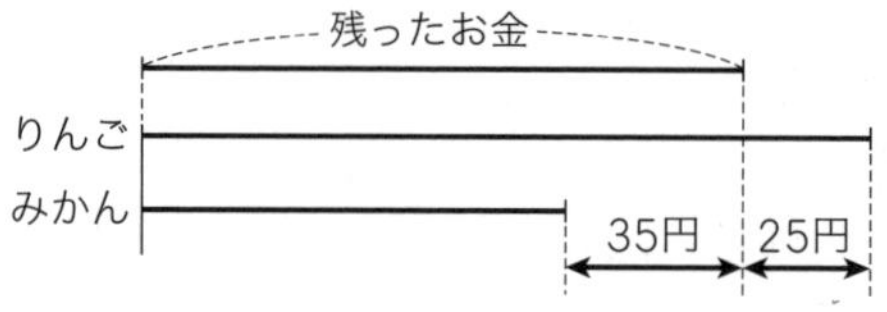

これより，安い方のみかん１このねだんは，
(300−60)÷2=120(円) で，残ったお金は，
120+35=155(円)
したがって，今持っているお金は，
3600+155=3755(円)

6 こ数をぎゃくに買って 400 円安くなったことから，はじめの予定では高い方の商品Qを商品Pよりも多く買う予定だったことがわかり，その差は，
400÷(500−300)=2(こ)
合わせて 30 こ買ったのだから，
商品Pを (30−2)÷2=14(こ)，
商品Qを 14+2=16(こ) 買う予定だったことになります。代金は，
300×14+500×16=12200(円)

7 (1)図のように長さを㋐，㋑，㋒とし，正方形 JKLM の１辺の長さを□ cm とすると，

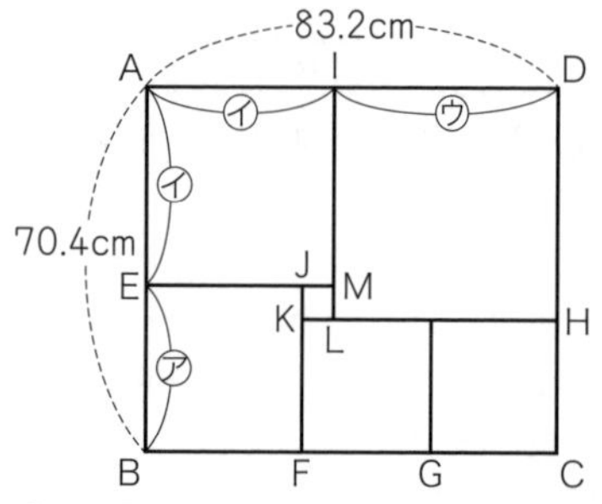

㋐＋㋑＝70.4(cm)，㋑＋㋒＝83.2(cm) だから，㋒は㋐より 83.2−70.4=12.8(cm) 長いことがわかります。また，㋑は㋐より□ cm 長く，㋒は㋑より□ cm 長いので，12.8 cm は□ cm の２つ分となります。したがって，
□＝12.8÷2=6.4
(2)㋐＋㋑の和は 70.4 cm，差は 6.4 cm だから，短い方の㋐の長さは，
(70.4−6.4)÷2=32(cm)

27 つるかめ算

標準クラス

p.118〜119

1 □5，△8
2 12 本
3 9 こ
4 (1)2000 円　(2)8 こ
5 39 回
6 (1)3 まい　(2)8 まい

とき方

1 13 まいすべて，63 円切手を買ったとすると，代金は 63×13=819(円)
これは，実さいの代金 924 円とくらべると，924−819=105(円) 安くなっています。その理由は，84 円切手の代わりに 63 円切手を買ったとして計算したためで，84 円切手１まいにつき 84−63=21(円) ずつ安くなるからです。このことから，実さいに買った 84 円切手のまい数(□)は，105÷21=5(まい)
63 円切手のまい数(△)は，13−5=8(まい)

2 19 本すべて 130 円のボールペンを買ったとしたときの代金は，130×19=2470(円)
これは，実さいの代金 1870 円よりも 2470−1870=600(円) 高くなります。その理由は，80 円のえん筆の代わりに 130 円のボールペンを買ったとして計算したためで，えん筆１本につき 130−80=50(円) ずつ高くなるためです。したがって，実さいに買ったえん筆の本数は，600÷50=12(本) です。これを１つの式に書くと，
(130×19−1870)÷(130−80)=12(本)

> **ポイント　つるかめ算のとき方**
> すべてかた方のものを買ったとして代金を計算し，実さいの代金との差を１この代金の差でわってこ数を求めます。

3 カツサンドばかり 17 こ売ったときの売り上げは，
750×17=12750(円)
実さいの売り上げとの差は，
12750−11400=1350(円)
これを１この代金の差でわって，おにぎりべんと

うのこ数を求めると,
1350÷(750−600)=9(こ)

4 (1) 10×200=2000(円)

(2) 1こわすごとに,10円がもらえず,しかも,100円はらわないといけないので,あわせて110円そんをします。2000−1120=880より,880円そんをしているので,こわした品物のこ数は 880÷110=8(こ)

5 100回ともうらが出たとすると,
西へ 2×100=200(歩) の位置にいるはずです。実さいは西へ5歩の位置にいたので,100回ともうらが出たときとくらべて,東に195歩だけずれています。うらのかわりに表が1回出るごとに,東へ 3+2=5(歩) ずつずれていくので,表が出た回数は,195÷5=39(回)

6 (1) 233円の「3円」に目をつけると,1円玉のまい数は,3まい,8まい,13まい,18まい,……のいずれかであるとわかります。
もし,1円玉が3まいだとすると,5円玉と10円玉が合わせて27まいで230円ということになります。
また,1円玉が8まいだとすると,5円玉と10円玉が合わせて22まいで225円ということになりますが,これは22まいすべてが10円玉であっても成り立ちません。1円玉が13まい,18まい,……の場合も同じく成り立ちません。したがって,1円玉のまい数は3まいです。

(2) 5円玉と10円玉が合わせて27まいで230円だから,5円玉のまい数は,
(10×27−230)÷(10−5)=8(まい)

ハイクラス

p.120〜121

1 12本
2 17回
3 6まい
4 11まい
5 35点
6 (1) 60こ (2) 84こ (3) 75こ
7 7人

とき方

1 ボールペンばかり18本買ったときの代金は,
90×18=1620(円)
実さいの代金は,1500−240=1260(円)
これより,買ったえん筆の本数は,
(1620−1260)÷(90−60)=12(本)

2 30回すべてA君が勝ったとすると,
A君の点数は 30+2×30=90(点),
B君の点数は 30−1×30=0(点) で,A君の方がB君より90点多くなります。実さいは,A君が12点多かったので,90−12=78(点) のちがいがあります。
A君が勝つかわりにB君が勝つと,1回につき(2+1)×2=6(点) ずつ点数の差がちぢまるので,B君が勝った回数は,
78÷6=13(回)
したがって,A君が勝った回数は,
30−13=17(回)

別のとき方 A君が勝った回数とB君が勝った回数の和は30回,点数の差が12点だったことから,勝った回数の差は,
12÷(2+1)=4(回)
これより,和差算を使って,A君が勝った回数は,(30+4)÷2=17(回) と求めることもできます。

3 4260円の「60円」に着目すると,10円玉の数は,6まい,16まい,26まいのいずれかです。10円玉が6まいのとき,500円玉と100円玉を合わせて23まいで4200円ということになり,100円玉のまい数は,
(500×23−4200)÷(500−100)=18.25(まい)
となり,成り立ちません。
10円玉が16まいのとき,500円玉と100円玉を合わせて13まいで4100円ということになります。100円玉のまい数は,
(500×13−4100)÷(500−100)=6(まい),
500円玉が 13−6=7(まい)
また,10円玉が26まいのとき,500円玉と100円玉を合わせて3まいで4000円ということになり,これは成り立ちません。

4 31まいすべて10円玉だとすると,合計金がくが310円になって成り立ちません。ここから,50円玉と100円玉のまい数を「1まいずつ」,「2まいずつ」,……とふやしていって,合計金がくの変わり方を調べると次のようになります。

100円玉	0まい	1まい	2まい	……
50円玉	0まい	1まい	2まい	……
10円玉	31まい	29まい	27まい	……
合計	310円	440円	570円	……

50円玉と100円玉を1まいずつふやすごとに,合計金がくが130円ずつふえていきます。したがって,合計金がくが1740円のとき,50円玉と100円玉のまい数は,
(1740−310)÷130=11(まい)

5 4点の問題の数は,
(50−3×15)÷(4−3)=5(問)
3点の問題の数は, 15−5=10(問)
4点の問題をすべて正かいし, 3点の問題を半分まちがえると,
4×5+3×(10÷2)=35(点)

6 (1)(13×100−1000)÷(13−8)=60(こ)
(2)Aばかり 100 こだと重さは,
8×100=800(g)
ここから, BとCのこ数を「1こずつ」,「2こずつ」, ……とふやしていって, 重さの変わり方を調べると次のようになります。

A	100こ	98こ	96こ	……
B	0こ	1こ	2こ	……
C	0こ	1こ	2こ	……
合計	800g	825g	850g	……

BとCのこ数を1こずつふやすごとに合計の重さが 25g ずつふえるので, 合計の重さが 1000g になるときのBとCのこ数は,
(1000−800)÷25=8(こ) ずつです。したがって, Aのこ数は, 100−8×2=84(こ)
(3)今度は, BとCのこ数を「B4こ, C1こ」,「B8こ, C2こ」, ……とふやしていって, 重さの変わり方を調べると次のようになります。

A	100こ	95こ	90こ	……
B	0こ	4こ	8こ	……
C	0こ	1こ	2こ	……
合計	800g	840g	880g	……

Bのこ数を4こずつ, Cのこ数を1こずつふやすごとに合計の重さが 40g ずつふえるので, 合計の重さが 1000g になるときのCのこ数は, (1000−800)÷40=5(こ)
このときBのこ数は 20 こで, Aのこ数は,
100−(5+20)=75(こ)

7 もし, 8才の子どもばかり 12 人いたとすると, 豆は 8×12=96(こ) 必要(ひつよう)です。これを 75 こにするには, 21 こへらす必要があります。8才の子どもを3才の子どもに1人取りかえるごとに, 必要な豆の数は 8−3=5(こ) ずつ少なくなるので, まず, 12 人のうち4人を3才の子どもに取りかえます。すると, 必要な豆の数は
5×4=20(こ) へって, 76 こになります。さらに, 1人を7才の子どもに取りかえると, 必要な豆の数は 8−7=1(こ) へって, ちょうど 75 こになります。したがって, 8人の子どもの最大(さいだい)の数は, 12−4−1=7(人)

28 過不足算

標準クラス

p.122〜123

1 (1)㋐2, ㋑18, ㋒9 (2)44 こ
2 生徒(せいと)…25 人, 折り紙…80 まい
3 86 こ
4 (1)35 人 (2)17750 円
5 247 こ
6 59 人
7 720 円

とき方

1 1人1人に配ったみかんのこ数の差(さ)が
6−4=2(こ)
これが人数分集まって, 全員に配ったみかんのこ数の差 8+10=18(こ) になったのだから, 配った人数は 18÷2=9(人)
9人に4こずつ配って, まだ8こあまっているから, みかんの数は 4×9+8=44(こ)
(9人に6こずつ配るには 10 こたりないから, みかんの数は 6×9−10=44(こ) としても同じです。)

2 生徒1人に配る折(お)り紙のまい数の差は,
4−3=1(まい)
これが人数分集まって, 全員で
5+20=25(まい) の差になったのだから, 生徒の人数は 25÷1=25(人)
25 人の生徒に3まいずつ配って5まいあまるから, 折り紙の数は 3×25+5=80(まい)

ポイント 過不足算(かふそくざん)のとき方
全体に配ったこ数の差を, 1人あたりに配るこ数の差でわって, 人数をまず求(もと)めます。
全体に配ったこ数の差は,
「○あまり, □不足」のとき……○+□ こ
「○あまり, □あまり」
「○不足, □不足」のとき } ○−□ こ または, □−○ こ

3 1箱に入れるレタスのこ数の差が 7−5=2(こ), レタス全体のこ数の差が 26−2=24(こ) だから, 箱の数は 24÷2=12(箱)
レタスの数は, 5×12+26=86(こ)
または, 7×12+2=86(こ)

4 (1)(2000−250)÷(500−450)=35(人)
(2) 35 人から 450 円ずつ集めると,
450×35=15750(円) 集まります。それでも 2000 円たりないので, 遠足のひようは
15750+2000=17750(円)

❺ 「1つの箱に13こずつ入れると，ちょうど箱が1つあまった」ということは，「1つの箱に13こずつ入れるには，みかんが13こたりない」ということです。1つの箱に入れるみかんのこ数の差が 13−12=1(こ)，みかん全体のこ数の差が 7+13=20(こ) より，箱の数は 20÷1=20(箱)
みかんは，12×20+7=247(こ)
または，13×(20−1)=247(こ)

❻ 「6人ずつすわると長いすは1きゃくあまり，最後の長いすには5人すわった」ということは，「6人ずつすわるには 6+1=7(人) たりない」ということです。

5 5 5 …… 5 5 5 5　4人あまり
6 6 6 …… 6 6 5 0　7人たりない
+1↓ ↓+6
6 6

これより，長いすの数は
(4+7)÷(6−5)=11(きゃく)
生徒の数は，5×11+4=59(人)
または，6×(11−2)+5=59(人)

❼ 50円のえん筆を予定通りの本数買ったとすると，お金はさらに 50×5=250(円) あまって，あまったお金が 250+20=270(円) になるはずです。80円のえん筆と50円のえん筆では1本あたりのねだんが30円ちがうので，買う予定だったえん筆の本数は，270÷30=9(本)
したがって，用意したお金は，
80×9=720(円)

ハイクラス p.124〜125

❶ (1)47　(2)120　(3)120　(4)133
❷ (1)320円　(2)8600円　(3)280円
❸ (1)5人　(2)8こ

とき方

❶ (1)「6人ずつすわると，最後の長いすに5人すわり，長いすが2つあまる」を「全部の長いすに6人ずつすわるには，6×2+1=13(人) たりない」と考えて，長いすの数は，
(7+13)÷(6−4)=10(きゃく)
子どもの数は，4×10+7=47(人)
(2)「1箱にボールを11こずつ入れると，空の箱が2つ残り，ボールが10こだけ入った箱が1つできます」を「1箱にボールを11こずつ入れるには，ボールが 11×2+1=23(こ) たりない」と考えて，箱の数は，
(3+23)÷(11−9)=13(箱)
ボールの数は，9×13+3=120(こ)
(3)「3まいの皿には5こずつ，4まいの皿には6こずつ，残りの皿には7こずつのせると，みかんは32こあまった」とき，あまった32このみかんのうち，3まいの皿に2こずつ，4まいの皿に1こずつ，合計 2×3+1×4=10(こ) のみかんを皿にのせると，「すべての皿に7こずつのせると，みかんが22こあまる」ことになるので，皿の数は，
(22−8)÷(8−7)=14(まい) とわかり，みかんの数は，8×14+8=120(こ) です。
(4)高学年にも中学年にも4本ずつ配るとすると，えん筆が (10−4)×3+(5−4)×7=25(本) あまることから，子どもの数は，
(29+25)÷(6−4)=27(人)
えん筆は，6×27−29=133(本)

❷ (1)(1320+920)÷(31−24)=320(円)
(2)320×31−1320=8600(円)
(3)8600÷320=26 あまり 280 より，280円

❸ (1)りんごを配るとき，
「女子1人に4こ，男子1人に3こずつ配ると7こあまる」……A
「女子1人に2こ，男子1人に5こずつ配ると3こたりない」……B
AとBをくらべると，BはAに対して，女子に配る数を2こずつへらし，かわりに男子に配る数を2こずつふやしたため，全体として配るりんごの数が 7+3=10(こ) 多くなることがわかります。これより，男子は女子より，
10÷2=5(人) 多いことがわかります。
(2)「りんごを女子1人に2こ，男子1人に5こずつくばると3こたりない」ことと男子が女子より5人多いことから，もし，「りんごを女子1人に3こ，男子1人に4こずつ配る」と，必要なりんごの数が5こ少なくなるので，りんごは逆に2こあまります。これと，「みかんを女子1人に3こ，男子1人に4こずつ配ると10こあまる」ことから，みかんはりんごより，
10−2=8(こ) 多いことがわかります。

29 分配算

標準クラス p.126〜127

❶ (1)A…2250円，B…750円

(2) A…2440円，B…560円

❷ A…30 kg，B…27 kg，C…28 kg

❸ A…460円，B…400円，C…440円

❹ 6500円

❺ 23

❻ 65 cm

❼ A…116，B…37

とき方

❶ (1) B=3000÷(3+1)=750(円)
A=750×3=2250(円)
(2) B=(3000−200)÷(4+1)=560(円)
A=560×4+200=2440(円)

❷ Bさんの体重の3倍は，85−(3+1)=81(kg)
したがって，
B=81÷3=27(kg)　A=27+3=30(kg)
C=27+1=28(kg)

❸ 図より，1300−(60+40)=1200(円)
B=1200÷3=400(円)
A=400+60=460(円)
C=400+40=440(円)

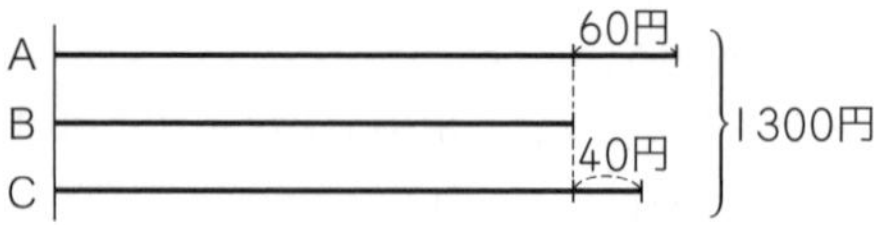

❹ 図より，Bさんは
(10000+500)÷3=3500(円)
A君は 3500×2−500=6500(円)

A　B　500円　10000円

❺ 連続する5つの整数は1ずつ大きさがちがうから，次のような図になります。

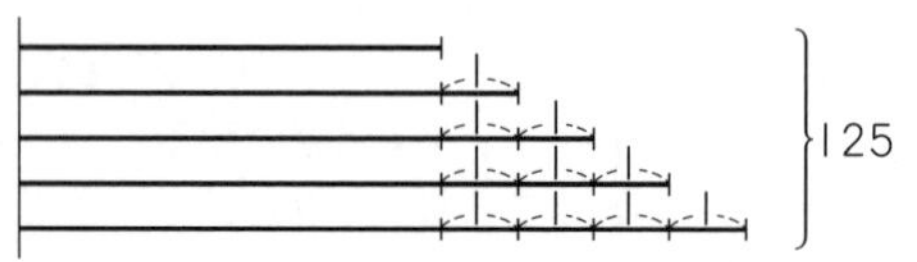

いちばん小さい数は，(125−10)÷5=23

❻ 10 cm ずつ長さがちがう図をかくと次のようになります。
いちばん短いぼうの長さは，
(200−60)÷4=35(cm)
いちばん長いぼうの長さは，
35+10×3=65(cm)

10cm　10cm 10cm　10cm 10cm 10cm　200cm

❼ AとBの関係は次の図のようになります。

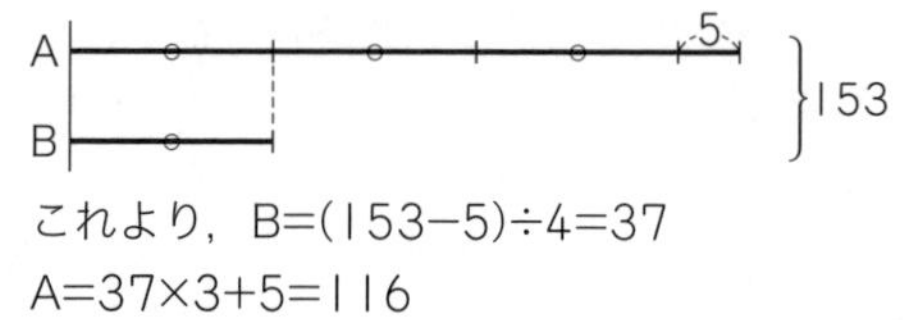

これより，B=(153−5)÷4=37
A=37×3+5=116

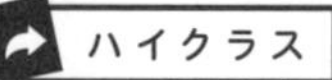

p.128〜129

❶ 165 cm

❷ A…450円，B…350円，C…200円

❸ 1400円

❹ 85円

❺ 57こ

❻ 220円

❼ (1) 1320円　(2) 420円　(3) 570円

とき方

❶ 図で，400 cm に 55 cm と 40 cm をたせば，A，B，Cの長さをすべてBの長さにそろえることができるので，B=(400+55+40)÷3=165(cm)

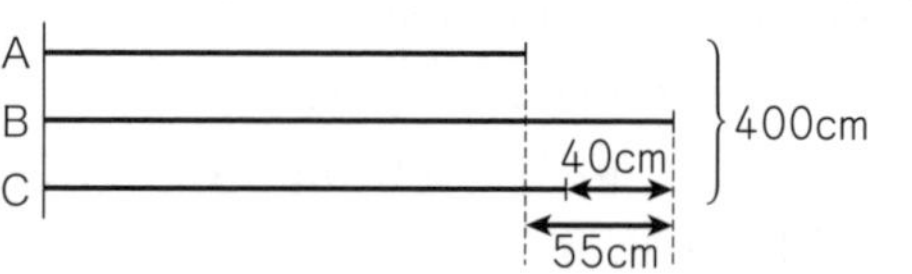

❷ 図で，1000円から250円と150円をひけば，A，B，Cの長さをすべてCの長さにそろえることができるので，
C=(1000−250−150)÷3=200(円)
B=200+150=350(円)
A=200+250=450(円)

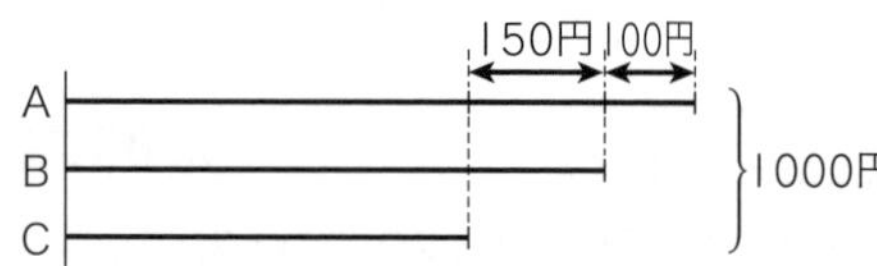

❸ 図で，3800−900+100=3000(円) がAの6つ分にあたるので，A=3000÷6=500(円)
C=500×3−100=1400(円)

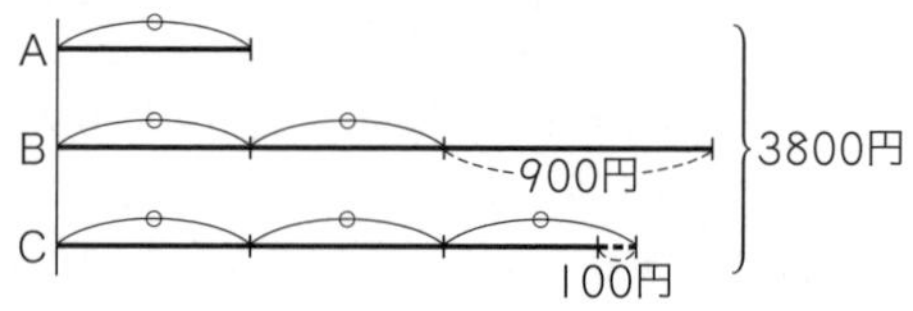

❹ 700−40+20=680(円) が，Bの金がくの8つ分だから，B=680÷8=85(円)

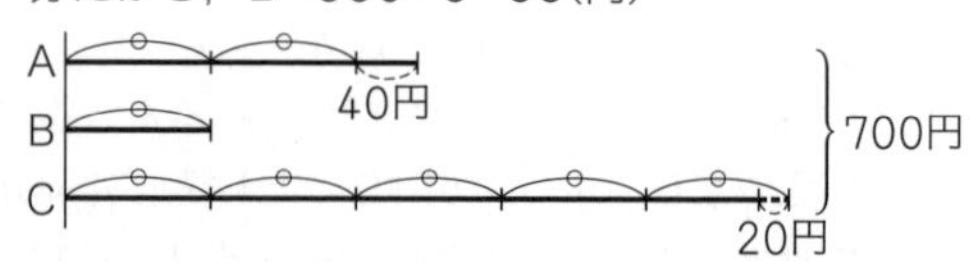

❺ 商品Cがあと21こ多ければ，Cのこ数はBのこ数の3倍になり，次のような図になります。

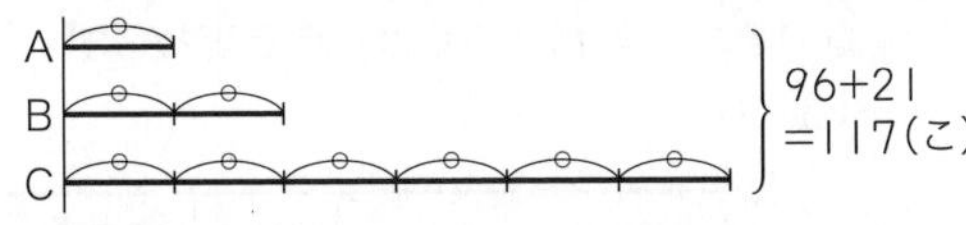

96+21=117(こ) がAの9つ分にあたるから,
A=117÷9=13(こ)
C=13×6−21=57(こ)

6 Aの3倍は,(Bの2倍より120円少ない)×3だから,Bの6倍より360円少ない金がくです。Cは Aの3倍より50円少ないのだから,結局,Bの6倍より410円少ないということになります。そこで,Aがあと120円もらい,Cがあと410円もらったとしたら,AがBの2倍,CがBの6倍になるので,Bのもらう金がくは,
(1000+120+410)÷(1+2+6)=170(円)
したがって,Aがもらう金がくは,
170×2−120=220(円)

7 (1)C君は電車賃990円をはらい,あとでB君に330円わたしたので,合計で,
990+330=1320(円) 使っています。3人は同じ金がくを使ったので,1人が使ったお金は1320円です。

(2)A君は3人分の昼食代を使い,さらにB君に60円わたしたので,その合計が1320円ということになります。したがって,3人分の昼食代は 1320−60=1260(円)
1人分は 1260÷3=420(円)

(3)B君は3人分の入園料をはらい,C君から330円,A君から60円もらっているので,3人分の入園料は1320円より
330+60=390(円) 高かったことになります。
したがって,1人分の入園料は,
(1320+390)÷3=570(円)

30 年れい算

標準クラス p.130〜131

1 (1)28 (2)7年後
2 4年後
3 5年前
4 1600円
5 4年後
6 11年後
7 12才
8 5年後
9 22才

とき方

1 (1)いま,母と子どもの年れいの差は
35−7=28(才) で,この差は何年たっても変わりません。したがって,㋐は28です。

(2)問題の図より,28才が子どもの年れいの2倍であることから,子どもの年れいは
28÷2=14(才)
いま7才だから,14−7=7(年後)

ポイント **年れい算のとき方**
2人の年れいの差は,いつまでたっても変わらないことを利用して線分図をかきます。

2 2人の年れいの差は 28−4=24(才)
母の年れいが弟の年れいの4倍になったときの図をかくと,次のようになります。

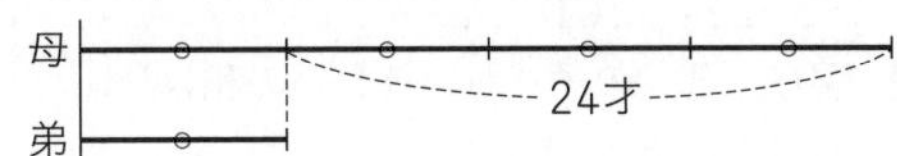

このとき,弟の年れいは,24÷3=8(才) とわかるので,8−4=4(年後)

3 2人の年れいの差は 40−12=28(才)
父の年れいが子どもの年れいの5倍だったときの図をかくと,次のようになります。

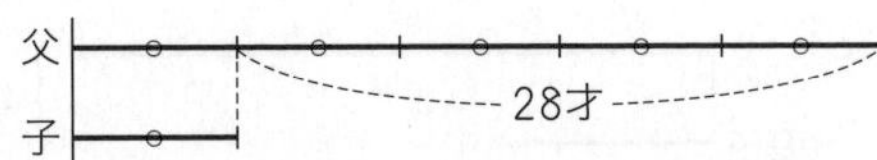

このとき,子どもの年れいは 28÷4=7(才) とわかるので,12−7=5(年前)

4 同じねだんの本を買ったので,本を買ったあとの2人の所持金の差は,本を買う前と変わりません。
したがって,2500−1900=600(円)
本を買ったあとの2人の所持金について,次のような図がかけます。

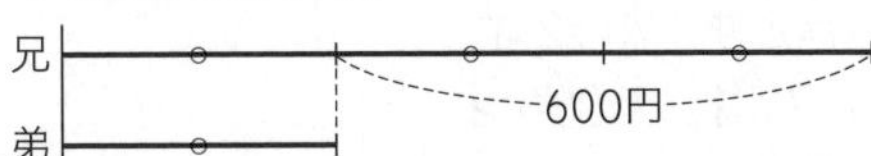

図より,弟の所持金が 600÷2=300(円) になったことがわかるので,本のねだんは
1900−300=1600(円)

5 今,父と母の年れいの和は 43+39=82(才),
2人の子どもの年れいの和は 12+10=22(才) で,差は 82−22=60(才) です。この差は何年たっても変わらないから,3倍になったとき,図より,2人の子どもの年れいの和は 60÷2=30(才)。

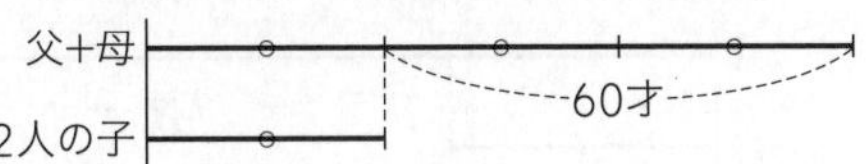

2人の子どもの年れいの和は1年ごとに2才ずつふえることを考えると,(30−22)÷2=4(年後)

6 母の年れいが弟の年れいの2倍より7才多くなったときの図をかくと次のようになります。

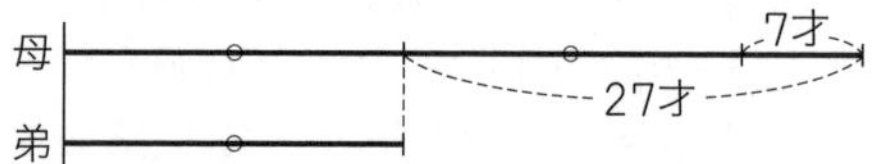

このとき，弟の年れいは 27−7=20(才) であることがわかるので，20−9=11(年後)

7 今から21年後，父と子どもの年れいの和は，57+21×2=99(才)
このときの2人の年れいを図で表すと，次のようになります。

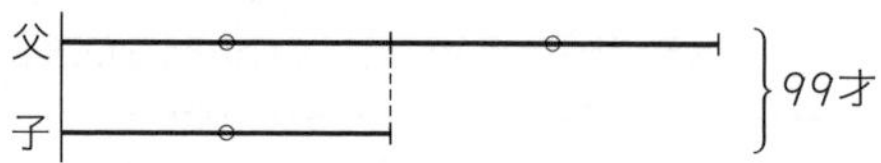

このとき，子どもの年れいは 99÷3=33(才) とわかるので，今の子どもの年れいは，
33−21=12(才)

8 現在（げんざい），3人の子どもの年れいの和は，
14+10+6=30(才)
1年ごとに，3人の子どもの年れいの和は母の年れいに2才ずつ追いついていくので，母の年れいと等しくなるのは，(40−30)÷2=5(年後)

9 10年前，父と息子（むすこ）の年れいの和は，
68−10×2=48(才)

図より，このとき，息子の年れいは
48÷4=12(才) だったことがわかるので，今の息子の年れいは，12+10=22(才)

ハイクラス

p.132〜133

1 (1)17 (2)8 (3)10
2 (1)48才 (2)12才
3 (1)77才 (2)7才
4 40才
5 280円
6 2400円

とき方

1 (1)11年前の2人の年れいは次の図のようになっており，妹の年れいが 4÷2=2(才)，姉の年れいが 2×3=6(才) であることがわかります。
現在の姉の年れいは，6+11=17(才)

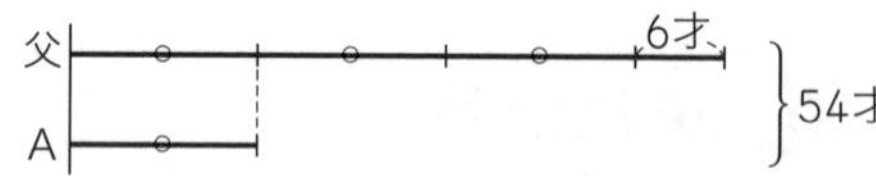

(2)さとし君の年れいの7倍とお兄さんの年れいの5倍が等しくなるような図をかくと次のようになります。年れいの差は，今と変（か）わらず
13−7=6(才) です。

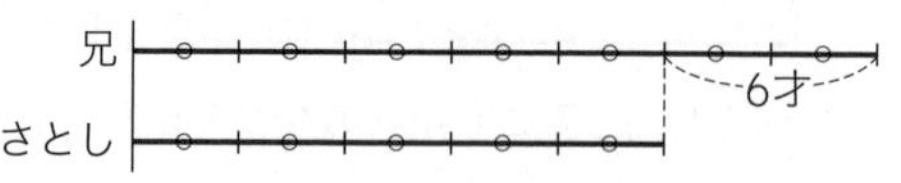

図より，このときのさとし君の年れいは，
6÷2=3，3×5=15(才) とわかるので，
15−7=8(年後)

別のとき方 さとし君の年れいを7倍した線分図と，お兄さんの年れいを5倍した線分図をかくと，下の図のようになります。

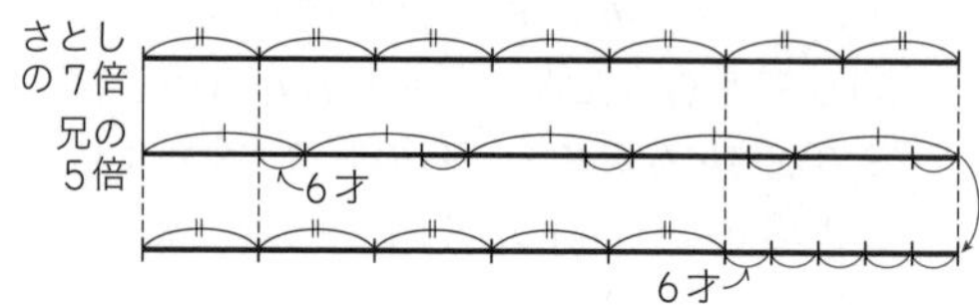

このとき，さとし君の年れいは
6×5÷2=15(才) とわかるので，
15−7=8(年後)

(3)今年，3人の年れいの和は 84+2×3=90(才)
父と母は同じ年れいだから，次のような図がかけます。

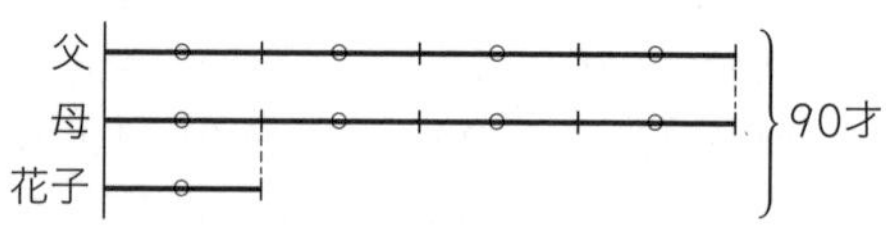

これより，花子さんの年れいは
90÷(4+4+1)=10(才)

2 (1)現在，父とA君の年れいの和は，母と妹の年れいの和より 3×2=6(才) 上で，年れいの和は102才です。したがって母と妹の年れいの和は，(102−6)÷2=48(才)
(2)現在，父とA君の年れいの和は
48+6=54(才) で，父はA君の年れいの3倍より6才上だから，図よりA君の年れいは，
(54−6)÷4=12(才)

3 (1)59+6×3=77(才)
(2)もし，実さいの年れいよりも，ひかる君が4才年下で，母が2才年上だったとしたら，ひかる君の年れいは弟と同じになり，父と母の年れいはひかる君の12倍になります。また，父と母とひかる君の年れいの和は，77−4+2=75(才) になります。このときの図をかくと次のようになります。

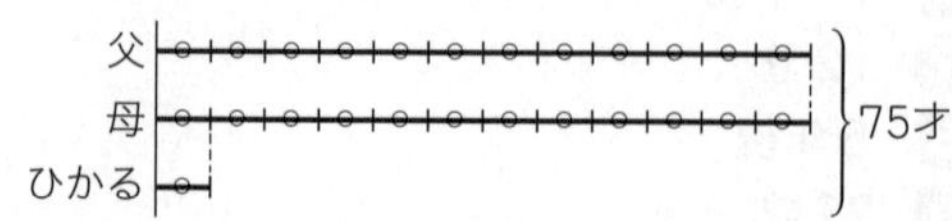

ひかる君の年れいは，75÷(12+12+1)=3(才) になるので，実さいの年れいは，3+4=7(才)

4 現在の母と弟の年れいの和は，(95−9)÷2=43(才)
また，10年前の4人の年れいの和は 95−10×4=55(才) になるはずですが，これが58才だというのは，10年前には弟が生まれていなかったからで，弟の年れいは今，95−(58+10×3)=7(才) であることがわかります。これより，母は 43−7=36(才) で，父は4才年上だから，36+4=40(才)

5 同じおかしを買ったあとの姉と妹の所持金の差は 520−360=160(円) のままです。したがって，図より，おかしを買ったあとの妹の所持金は 160÷2=80(円)
おかしのねだんは，360−80=280(円)

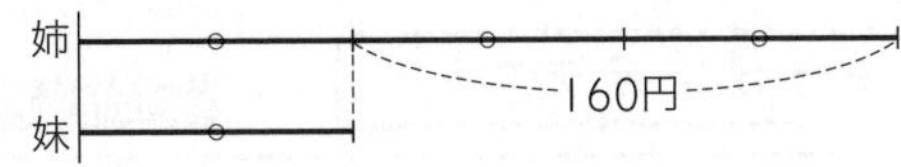

6 お金を使ったあと，AさんとBさんの所持金の差は，1950−600=1350(円)
そのときの図をかくと次のようになります。

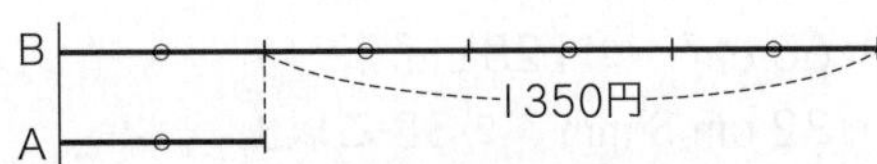

図より，Aさんの所持金が 1350÷3=450(円) になったことがわかります。したがって，Aさん(Bさんも同じ)がはじめに持っていたお金は，450+1950=2400(円)

チャレンジテスト⑨

p.134〜135

① (1) A…20，B…18，C…12 (2) 水曜日 (3) 160円 (4) 47才
② (1) 111 cm^2 (2) 19まい (3) 16まい
③ (1) 51番目 (2) 8が4回目

とき方

① (1) A−B=2，B−C=6 より，AはCより 2+6=8 大きいことがわかります。これと，A+C=32 とから，和差算により，C=(32−8)÷2=12，A=12+8=20 で，B=20−2=18
(2) 88÷7=12 あまり 4 より，88日目の曜日は4日目の曜日と同じで，水曜日です。
(3) 20まい全部が10円玉と考えて，つるかめ算を使うと，5円玉のまい数は，(4.5×20−84)÷(4.5−3.75)=8(まい)，10円玉のまい数は 20−8=12(まい) とわかるので，金がくの合計は，5×8+10×12=160(円)
(4)「母と姉の年れいの和から父の年れいをひくと，妹の年れいと同じになる」ということから，母と姉の年れいの和と父と妹の年れいの和が等しく，どちらも 120÷2=60(才) であることがわかります。4年後，父と妹の年れいの和は，60+4×2=68(才)
父の年れいが妹の年れいの3倍になるので，4年後の妹の年れいは 68÷(1+3)=17(才)
父の年れいは，17×3=51(才)
したがって，現在(げんざい)の父の年れいは，51−4=47(才)

② (1) 1まい目のカードの面積(めんせき)が 3×7=21(cm^2)
1まいつなぐごとに，面積は 3×(7−1)=18(cm^2) ずつふえていくから，6まいつないだときの面積は，21+18×(6−1)=111(cm^2)
(2) 345−21=324，324÷18=18，1+18=19(まい)
(3) 1101−21=1080，1080÷18=60，1+60=61 より，カードは全部で61まいです。61÷4=15 あまり 1 より，「青，赤，黄，白」のくり返しが15回あり，あと1まいが青だから，青色のカードは全部で 15+1=16(まい)

③ (1)「2」を第1グループ，
「2，4」を第2グループ，
「2，4，6」を第3グループ，……のように分けて考えます。各(かく)グループの最後(さいご)の数は，グループの数の2倍になっているので，12がはじめて出てくるのは第6グループの最後(6番目)で，以後(いご)，グループの6番目の数はすべて12だから，5回目の12は第10グループの6番目です。したがって，最初(さいしょ)から，(1+2+3+……+8+9)+6=51(番目)
(2) グループごとの和をたしていくと，第6グループまでで，2+6+12+20+30+42=112 になります。したがって，130をこえるのは，第7グループの2，4，6，8の4つをたしたときです。8は，第4，5，6，7グループに出てくるので，4回目の8です。

チャレンジテスト⑩

p.136〜137

1 (1)7回 (2)6回 (3)18回
2 (1)8人 (2)2人以上，17人以下
3 ㋐8，㋑23
4 18人
5 910円
6 5こ
7 168こ

とき方

1 (1)勝つのと負けるのとでは1回につき3+2=5(だん)の差ができます。
38−3=35(だん)より，ゆり子さんの勝った回数は花子さんより35÷5=7(回)少ないことになります。
(2)あいこのときは2人合わせて2だん上がり，勝負がつくと2人合わせて1だん上がります。2人合わせて38+3=41(だん)上がっているから，あいこの回数は，
(41−1×35)÷(2−1)=6(回)
(3)勝負がついたのが35−6=29(回)で，花子さんの方が7回多く勝っているから，花子さんの勝った回数は，(29+7)÷2=18(回)
ゆり子さんの負けた回数も18回です。

2 (1)25+17−10=32，40−32=8(人)
(2)もっとも多いときが17人，もっとも少ないときが25+17−40=2(人)

3 3人の年れいの和が59才になるのは，
(59−35)÷3=8(年後)……㋐
このとき，三女が現在の2倍の年れいになるということは，現在の年れいが8才ということです。三女は8年後16才なので，長女は
59−(20+16)=23(才)……㋑

4 「3こずつ配ると6こあまり」，「5こずつ配るには30こたりない」ということだから，子どもの数は，(6+30)÷(5−3)=18(人)

5 B君の2倍は，
(A君の3倍より100円多い)×2
=(A君の6倍より200円多い)
ということです。C君はそれよりも500円少ないお金を持っているので，C君はA君の6倍より300円少ないお金を持っていることになります。

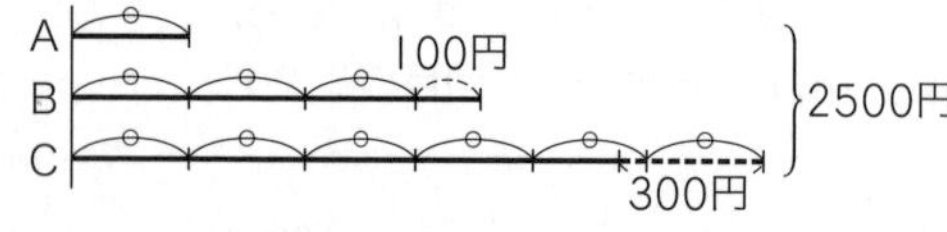

これより，A君の所持金は，
(2500−100+300)÷(1+3+6)=270(円)
B君の所持金は，270×3+100=910(円)

6 719円の「9円」に着目すると，47円のおかしのこ数は7こ(47×7=329円)に決まります。残りを，30円のおかしと80円のおかしを合わせて8こ買って，金がくが719−329=390(円)にすればよいから，30円のおかしは，
(80×8−390)÷(80−30)=5(こ)買ったことになります。

7 えん筆の数をあと30本ふやして，消しゴムと同じ数にします。消しゴム(=えん筆も同じ数)を7こずつ配るとちょうど配れて，5こずつ配ると18+30=48(こ)あまることになるから，子どもの数は，(48−0)÷(7−5)=24(人)
したがって，消しゴムの数は，7×24=168(こ)

そう仕上げテスト①

p.138〜139

1 (1)964 (2)296あまり3
(3)183あまり14
2 (1)15.96 (2)31.9 (3)239
3 (1)60 cm² (2)128 cm²
4 (1)32 cm 8 mm (2)38こ以上
5 6526.44
6 18兆4800億

とき方

2 (1)1.94+25.08−10.3−0.76
=1.94+25.08−(10.3+0.76)
=27.02−11.06
=15.96
(2)100−63.52+17.3−21.88
=100+17.3−(63.52+21.88)
=117.3−85.4
=31.9
(3)151.2+7.9−41.3+58.4+62.8
=(151.2+62.8)+{(7.9+58.4)−41.3}
=214+(66.3−41.3)
=214+25
=239

3 (1)たて長の長方形を横にたおすと，たてが3cm，横が(23−3)cmの長方形ができます。面積は，
3×(23−3)=60(cm²)

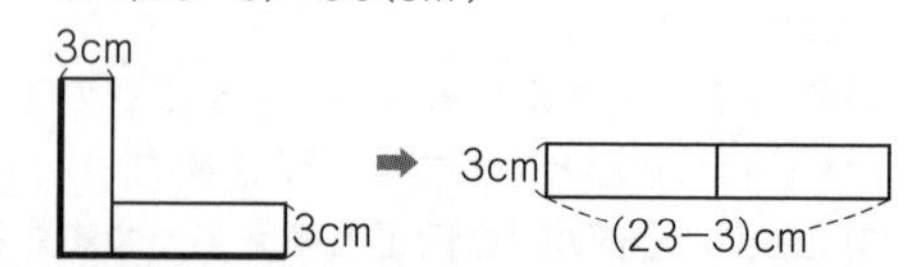

(2)たて長の長方形を横にたおすと，たてが4 cm，横が(40−4×2)cmの長方形ができます。面積は，4×(40−4×2)=128(cm²)

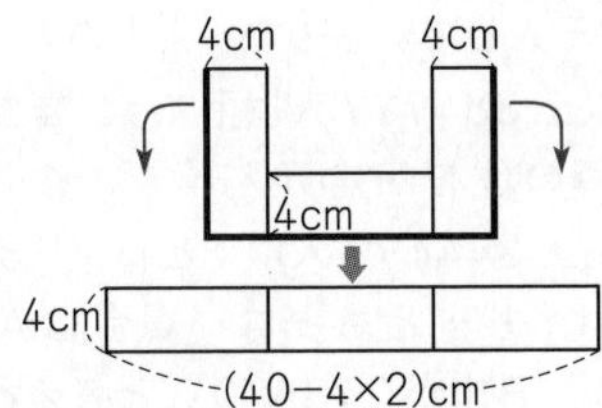

④ (1) 10この輪の長さの合計は，
4×10=40(cm)
つなぎ目の長さの合計は，
0.4×2×(10−1)=7.2(cm)
だから，くさりの全長は，
40−7.2=32.8(cm)

(2) 1 m 20 cm=120 cm
はしの1こをのぞいて考えると，
(120−4)÷(4−0.4×2)=36あまり0.8 より，37こ必要になります。
120 cmをこえるには，はしの1この長さをたして，37+1=38(こ)

⑤ つくることのできる小数第二位までの6けたの数のうち，もっとも大きい数は，7530.01，もっとも小さい数は，1003.57です。
7530.01−1003.57=6526.44

⑥ 四捨五入して1兆の位までのがい数にすると，43兆になるもっとも小さい数は42兆5000億です。
42兆5000億−24兆200億=18兆4800億

そう仕上げテスト②

p.140〜141

① (1)44.1 (2)1026.688
② (1)0.29 (2)0.21
③ (1)1 (2)314
④ ある数 $7\frac{4}{9}$ 正しい答え $12\frac{2}{9}$
⑤ 174こ
⑥ 312
⑦ (1)金曜日 (2)104日 (3)46日

とき方

① (1) 3.15×14=315×14÷100
=44.1
(2) 1.234×832=1234×832÷1000
=1026.688

② 小数第二位まで求めるので，小数第三位を四捨五入します。
(1) 6.66÷23=0.28[9]…より，0.29
(2) 11.4÷55=0.20[7]…より，0.21

③ (1) 0.125×4×8×0.25
=(0.125×8)×(0.25×4)
=1×1
=1
(2) 3.14×83−3.14×97+114×3.14
=3.14×(83+114−97)
=3.14×100
=314

④ ある数を□とすると，
$□-4\frac{7}{9}=2\frac{6}{9}$
$□=2\frac{6}{9}+4\frac{7}{9}=7\frac{4}{9}$
正しい答えは，
$7\frac{4}{9}+4\frac{7}{9}=12\frac{2}{9}$

⑤ 外側に，たて横1列ずつふやしたときに使ったご石の数は，
30−5=25(こ)
だから，そのときの正方形の1辺には，
(25+1)÷2=13(こ)
のご石がならんでいます。はじめにあったご石の数は，
13×13+5=174(こ)

⑥ 和差算です。
大＋小＝440，大−小＝184 より，
大＝(440+184)÷2=312

大きい数と小さい数の和と差をもとに考えます。
(大きい数の求め方)
(大+小)〔和〕＋(大−小)〔差〕＝大×2
大=(和+差)÷2
(小さい数の求め方)
(大+小)〔和〕−(大−小)〔差〕＝小×2
小=(和−差)÷2

⑦ (1)4月は，4月16日もふくめて，
30−16+1=15(日)
あるので，4月16日から8月31日までの日数は，
15+31+30+31+31=138(日)
です。
138÷7=19あまり5

より，8月31日は金曜日です。

(2)Aさんは3日泳いで1日休むことをくり返すので，4日を1まとめとして，
138÷4=34 あまり 2 だから，泳いだ日数は，
3×34+2=104(日)

(3)Bさんは3日を1まとめ，Cさんは2日を1まとめとして考えると，A，B，Cの3人は12日ごとに泳ぐ日のパターンを下の図のようにくり返します。

①②③④⑤⑥⑦⑧⑨⑩⑪⑫
A○○○×○○○×○○○×
B○○×○○×○○×○○×
C○×○×○×○×○×○×

12日間に3人がいっしょに泳ぐ日は4日あるので，138÷12=11 あまり 6
4×11+2=46(日) になります。

そう仕上げテスト③

p.142〜144

1 775 cm²
2 258
3 0.1827
4 (1)618500人 (2)141499人
5 (1)71本 (2)251本
6 男子24人 ノート199さつ
7 (1)128こ (2)288こ (3)600こ
8 (1)11 (2)17人

とき方

1 右の図のように，重なり合う部分は，色をぬった1辺(へん)が 10÷2=5(cm) になるので，もとの正方形から重なり合う部分をのぞいた図形9まいともとの正方形が1まいと考えて，面積(めんせき)を求(もと)めます。
(10×10−5×5)×9+10×10=775(cm²)

2 ある数を□として，まちがえた計算を式に表すと，
□×24+4.25=160.25
となります。
□×24=160.25−4.25
□×24=156
□=156÷24
□=6.5
正しい答えは，(6.5+4.25)×24=258

3 それぞれのけたの数の和が9の倍数のとき，もとの数は9の倍数になります。1+8=9 なので，3は2を切り上げた数だとわかります。
2+□=9 □=7 より，18.27
これを100でわって，0.1827

4 千の位(くらい)を四捨五入(ししゃごにゅう)しているので，A市の人口は，375000人以上(いじょう)384999人以下(いか)です。また，B市の人口は百の位を四捨五入しているので，243500人以上244499人以下とわかります。

(1)人口の和は，もっとも少ない場合はA市が375000人，B市が243500人と考えればよいので，
375000+243500=618500(人)

(2)人口の差(さ)は，

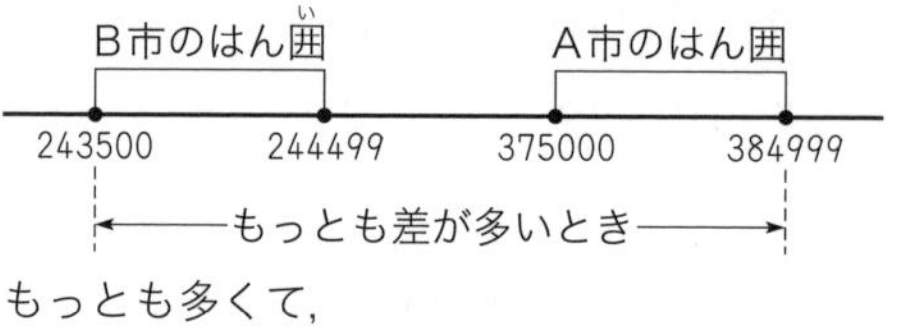

もっとも多くて，
384999−243500=141499(人)

5 (1)60本飲むときあきかんが60本できるので，新しく 60÷6=10(本) もらえ，これを飲むと，
10÷6=1 あまり 4
より，さらに1本もらえるので，合わせて，
60+10+1=71(本) 飲めます。

(2)300÷6=50(本)
より，300本買うと最低(さいてい)でも50本多く飲むことができるので，
300−50=250(本)
買うことを考えます。
250÷6=41 あまり 4
41÷6=6 あまり 5
6÷6=1
あまりのかんを集めると，さらに
(4+5)÷6=1 あまり 3 となって，
250+41+6+1+1=299(本) 飲めます。
もう1本多く買っても，新しくもらえるかんの本数は変(か)わらないので，最低で，
250+1=251(本) 買えば300本飲むことができます。

6 ノートのさっ数を1人1さつずつふやすときにできる差は，男女の人数に等しくなるから，クラスの人数は，
7+33=40(人) で，男女のもらうノートのさっ数をぎゃくにして男子を2さつふやすと，
7+9=16(さつ)
の差が出ることから，男子の人数のほうが多く，人数の差は，
16÷2=8(人)
です。だから，男子は，

(40+8)÷2=24(人)
ノートは,
4×24+6×(40−24)+7=199(さつ)

⑦ 直方体は，全部で,
(8×8×10)÷(1×1×1)=640(こ)
の1辺が1cmの立方体に分けられています。

(1)赤色が一面だけぬられているのは，もとの直方体の上下の面をふくむ上から1だん目と10だん目にある立方体だから，そのこ数は,
8×8×2=128(こ)

(2)6面とも色がぬられている立方体は，もとの直方体の外側(そとがわ)の面をふくまない内側にある立方体だから,
(8−2)×(8−2)×(10−2)=288(こ)

(3)右の図の4すみの部分には，次の3種類(しゅるい)の立方体があります。

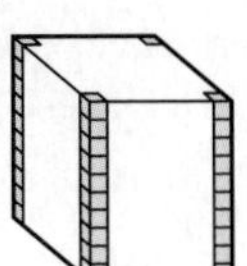

①上下に赤色がぬられ，側面(そくめん)の2面は色がぬられていない立方体
②上の面に赤色がぬられ，3面は色がぬられていない立方体
③下の面に赤色がぬられ，3面は色がぬられていない立方体
この①から③以外は青色が3面以上ぬられているので,
640−10×4=600(こ)

⑧ (1)ゲーム機(き)は持っていないが，けい帯(たい)電話を持っている人は,
12−7=5(人) でけい帯電話を持っている人は,
40−24=16(人) だから，㋐にあてはまる両方とも持っている人は，16−5=11(人)

(2)ゲーム機は持っているが，けい帯電話を持っていない人は,
24−7=17(人)